"十四五"职业教育国家规划教材

高等院校
艺术设计精品
系列教材

ART
&
DESIGN

+
夏琰
主编

余燕 张帆

副主编

移动

UI

交互设计

微课版 | 第2版

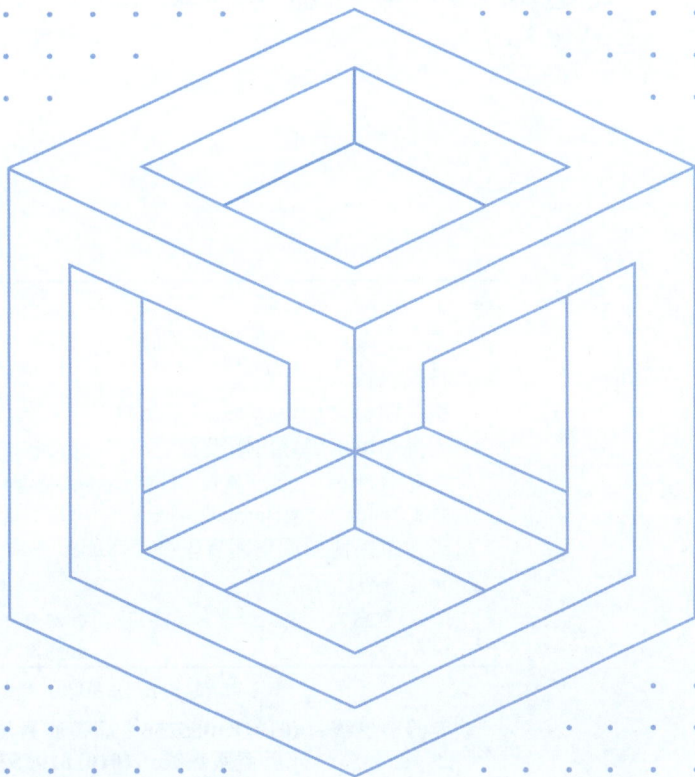

人民邮电出版社
北京

图书在版编目（CIP）数据

移动UI交互设计：微课版 / 夏琰主编. -- 2版. --
北京：人民邮电出版社，2022.1
高等院校艺术设计精品系列教材
ISBN 978-7-115-58742-8

Ⅰ. ①移… Ⅱ. ①夏… Ⅲ. ①移动终端－应用程序－
程序设计－高等学校－教材 Ⅳ. ①TN929.53

中国版本图书馆CIP数据核字(2022)第032278号

内 容 提 要

  本书以理论与项目实践相结合的方式，详细讲解了移动 UI 的设计与制作方法。全书共 4 个项目，项目 1 为初识 UI 设计，包括 UI 设计的概念、分类、原则和流程；项目 2～项目 4 分别为主题图标设计、界面设计、交互设计，内容包括知识概述、设计流程、设计规范、知识回顾、拓展训练和案例欣赏等。本书理论知识讲解由浅入深，同时注重理论与实践的结合，通过真实项目引领，分析、阐述设计制作过程，适合作为 UI 设计初学者的入门教材。

  本书适合作为高等院校、高职高专院校移动 UI 设计与制作相关课程的教材，也可供 UI 设计从业人员自学参考。

◆ 主　　编　夏　琰
  副主编　余　燕　张　帆
  责任编辑　马　媛
  责任印制　焦志炜

◆ 人民邮电出版社出版发行　　北京市丰台区成寿寺路 11 号
  邮编　100164　电子邮件　315@ptpress.com.cn
  网址　https://www.ptpress.com.cn
  天津市银博印刷集团有限公司印刷

◆ 开本：787×1092　1/16
  印张：9.25　　　　　　　　　2022 年 1 月第 2 版
  字数：189 千字　　　　　　　2025 年 6 月天津第 10 次印刷

定价：59.80 元

读者服务热线：(010)81055256　印装质量热线：(010)81055316
反盗版热线：(010)81055315
广告经营许可证：京东市监广登字 20170147 号

UI 设计也称为用户界面设计，所面向的领域主要包括平面媒体设计、Web 界面设计、移动界面设计、交互设计和互联网产品设计等，从事 UI 设计的人员称为 UI 设计师。

党的二十大报告提出"实践没有止境，理论创新也没有止境。"我们要坚持教育优先发展、科技自立自强、人才引领驱动，加快建设教育强国、科技强国、人才强国，坚持为党育人、为国育才，全面提高人才自主培养质量，着力造就拔尖创新人才，聚天下英才而用之。

本书主要面向移动界面设计和交互设计领域进行编写。编者根据多年的教学和研究经验，结合 UI 设计学科的特点，将移动 UI 设计的教学内容细化为 4 个项目，从初识 UI 设计、主题图标设计、界面设计、交互设计几方面循序渐进，详细地介绍了移动 UI 设计的相关知识。其中，项目 2~项目 4 是本书的重点部分。

本书理论知识的介绍由浅入深、通俗易懂，采用图文并茂的形式，帮助读者理解和吸收相关知识，并提供了相关的设计案例用于知识强化，读者可扫码进行查看。本书还注重理论与实践的结合，采用"教、学、做一体化"的理念，通过真实的项目引领，进行详细分析，阐述了主题图标设计、界面设计、交互设计的设计思路和制作过程。同时，为方便读者使用，书中全部案例均提供教学视频，读者可扫码进行观看和学习。还安排了拓展训练，对读者提出相应的自学要求并进行必要的指导，以帮助读者理解和运用所学知识。

本书参考学时为 64~96 学时，建议采用理论实践一体化的教学模式。

本书由夏琰任主编，余燕、张帆任副主编。夏琰负责全书的总体策划和编写工作，余燕、张帆负责案例整理、视频录制等工作。

移动 UI 设计发展速度很快，书中有些内容在数据或规范要求上可能出现不是最新的现象，不影响学习和使用，敬请读者谅解。实际上，无论移动 UI 设计如何发展，其简洁、易用、高效的宗旨是不会变的，读者可以通过对本书的学习，掌握 UI 设计的精髓，并在实践中加以应用。

编者

2022 年 12 月

目 录

C O N T E N T S

目录

项目 1
初识 UI 设计

本项目主要介绍 UI 设计的相关知识。那么，什么是 UI 设计？它有哪些种类？UI 设计的流程是什么？UI 设计的核心是什么呢？

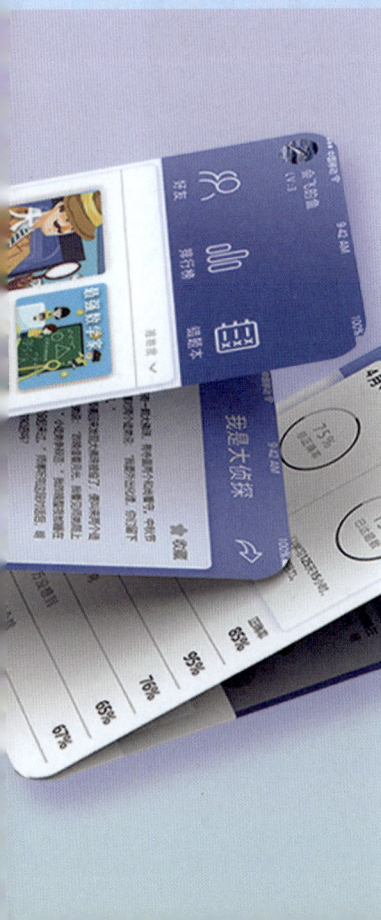

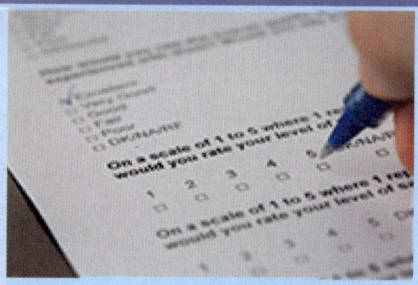

学习引导			
	知识目标	能力目标	素质目标
学习目标	了解 UI 设计的概念； 了解 UI 设计的分类； 掌握 UI 设计的原则； 掌握 UI 设计的流程； 了解用户调研的必要性； 掌握用户调研的方法	能够利用问卷调查方法完成用户调研	具备合理的知识结构及运用这些知识的能力
实践课程	设计一张调查问卷		

　　UI 设计于 2000 年传入我国，国内最早设立 UI 设计部门的公司是金山公司。该公司出品的产品如金山影霸、金山毒霸等，在软件行业中数一数二，同时因为重视 UI 开发，其开发的产品在同类软件产品中更加突出。可以看出，在激烈的市场竞争中，要想战胜对手，商家不仅要开发有竞争力的产品，还应该积极开展用户研究与使用性测试，将易用与美观相结合。有时候，商家在产品外观和易用设计方面很小的投入，可能会带来很高的收益。

1.1
UI 设计的概念

　　有人认为"UI 设计等于网页设计"，还有人认为"从事 UI 设计工作的人就是美工"，实际上，这些看法都是狭隘的、不正确的。

　　UI 由"User Interface"的首字母组成，译为用户界面。UI 设计是指对软件的人机交互、操作逻辑、操作界面的整体设计，也就是对人机交互过程、界面视觉体验等方面的设计。好的 UI 设计不仅能让软件变得有个性、有品位，还能让软件操作变得舒适、简单、自由，而且能够充分体现软件的定位和特点。

　　UI 设计现已成为屏幕产品（包括能在计算机、手机、平板电脑等设备上运行的各种产品）的重要组成部分，如图 1-1 所示。

图 1-1　UI 设计

从事 UI 设计工作的人称为 UI 设计师，主要负责以下工作。

（1）根据产品用户群体的需求，提出构思新颖、有高度吸引力的创意设计。

（2）界面的视觉设计、动效设计和制作。

（3）了解用户体验，对产品界面进行优化，使操作更趋于人性化。

（4）具备策划能力，配合市场运营。

（5）收集和分析用户对于产品的反馈。

可以看出，UI 设计师并不是单纯地只进行视觉设计，还要了解用户体验、懂设计、懂运营、懂维护。UI 设计是一个复杂的、涉及不同学科的工程，认知心理学、设计学、语言学、逻辑学等都在其中扮演着重要的角色。

1.2
UI 设计的分类

根据用户和界面，UI 设计可以分为移动端 UI 设计、PC 端 UI 设计、其他 UI 设计等。

1. 移动端 UI 设计

在移动互联网时代，终端多样化成为移动互联网发展的一个重要趋势。移动端除了手机之外还包含平板电脑、智能手表等。因此，移动端 UI 设计主要是指手机、平板电脑等移动设备的 UI 设计，如图 1-2 所示。

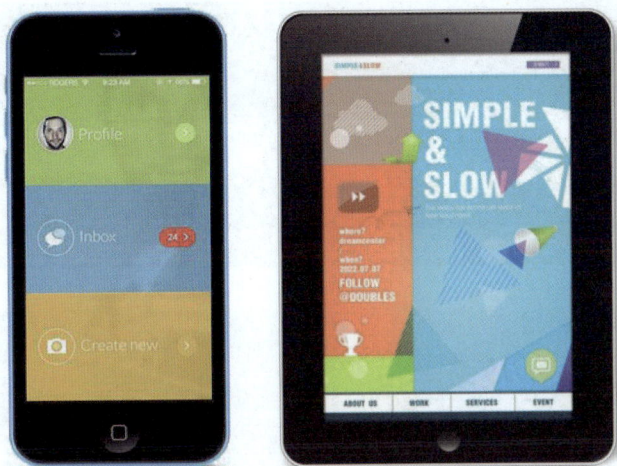

图 1-2 移动端 UI 设计

2. PC 端 UI 设计

PC 端 UI 设计主要指计算机界面设计，包括系统界面设计、软件界面设计和网页界面设计等，如图 1-3 所示。

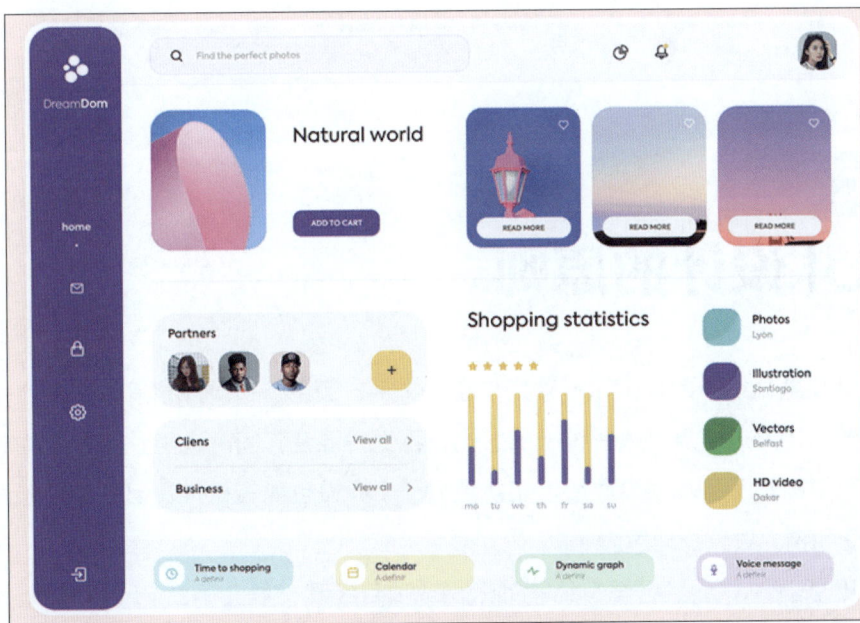

图 1-3 PC 端 UI 设计

3. 其他 UI 设计

除了上述终端设备需要用到 UI 设计外，当今市场中的许多其他终端设备同样需要用到 UI 设计，如车载系统、智能电视等，如图 1-4 所示。

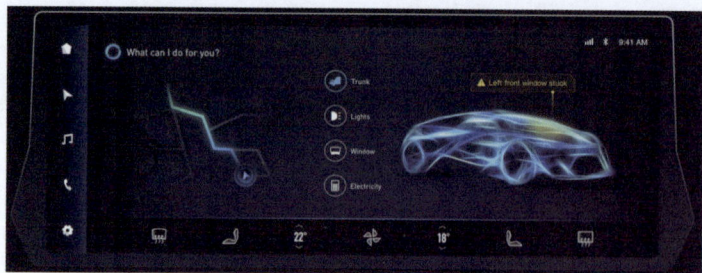

车载系统 UI 设计

智能电视 UI 设计

图 1-4　其他 UI 设计

1.3
UI 设计的原则

　　UI 设计要遵循统一的规范，不管是按钮、文字、颜色、布局风格等，都应遵循统一的标准，这样会让用户使用起来有统一的感觉，不觉得混乱，同时也能让用户建立起精确的心理模型，用户熟悉了一个界面后，切换到另一个界面也能轻松推测出各种功能，而不需要花费时间和精力去分析理解。

　　开发 UI 设计时，项目组里有经验的人士或项目经理一般会确立 UI 设计规范，这样会使所有参与人员了解规范，降低时间成本和培训成本。图 1-5 所示为 UI 设计规范。

　　总体来说，UI 设计的原则主要包括用户控制原则、一致性原则、简单美观原则、布局合理原则等。

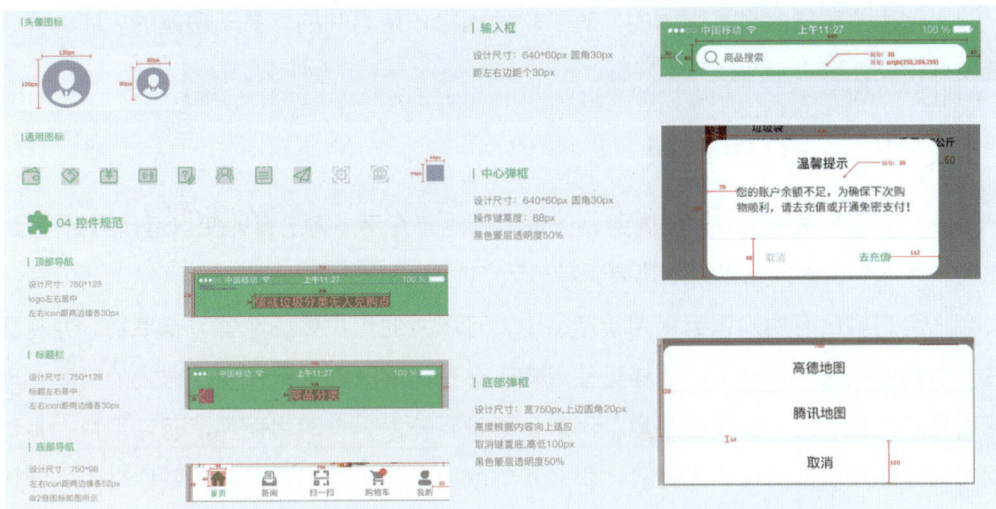

图 1-5　UI 设计规范

1.3.1　用户控制原则

UI 设计的一个重要原则就是永远以用户体验为中心，让用户感觉能够控制软件而不是被软件控制。

（1）让用户扮演主动角色，在需要自动执行任务时，允许用户进行选择或以控制软件的方式来执行该任务。

（2）提供用户自定义设置。每个用户的需求和喜好是不一样的，要想使产品满足用户不同的个性化需求，就要为用户提供颜色、字体或其他选项的用户自定义设置，如图 1-6 所示。

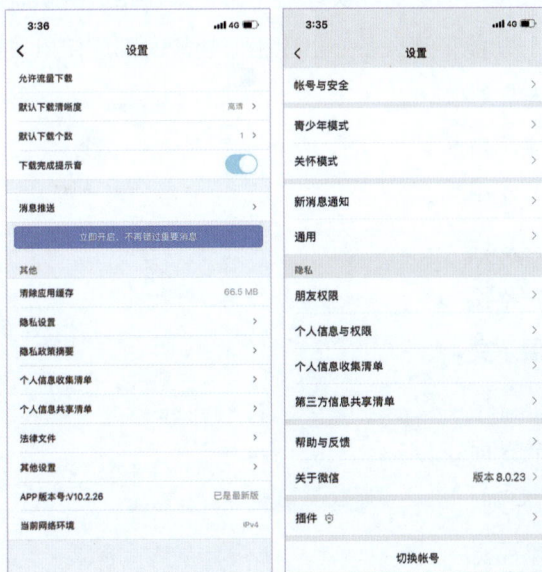

图 1-6　用户自定义设置

（3）让用户感觉自己是聪明的，对于软件的操作是顺利的、易于理解的。同时操作界面要友好，要让用户对产品产生好感。

1.3.2　一致性原则

一致性原则包括两个方面的内容，一是尽可能允许用户将已有的知识运用到新产品中，二是同一产品中的相同元素或术语要保持一致。

允许用户将已有的知识运用到新产品中，可以方便用户更快地学习新事物，并将更多的注意力集中到执行任务上。这样可使用户不必花时间来尝试记住交互方式的不同，而且会带给用户一种稳定、愉快的感觉。例如，假设要开发一个购物程序，而且用户在其他购物网站或程序中已经有过购买经验，那么我们就可以使用相同或相似的名称来命名操作行为。很多购物网站或程序都将购物车当作存储商品的标识，那么我们在开发购物程序时，也可以使用购物车或购物篮等来使用户快速明白这个操作行为的含义，方便用户使用。

在同一个产品中，要使用一致的外观、字体、手势、命令等来展示同样的功能或信息。

（1）外观。一致的外观使用户界面更易于理解和使用，界面上的控件看起来应该是一致的。

（2）字体。字体应保持一致，避免一套主题出现多种字体。我们可以用不同的字号、颜色来显示内容的层级关系，对于不可修改的字段，最好统一用灰色文字显示。

（3）手势。在手机或平板电脑程序中，用户通常会用手势进行操作，比如放大 / 缩小、快进 / 快退等。手势应保持一致，这样会带给用户更好的使用体验。

（4）命令。产品要使用同样的命令实现对于用户来说相似的功能。比如，在同一个产品中，如果要实现"编辑"功能，那么各处出现相似功能时都应使用"编辑"字样，而不要使用"修改""设置""调整"等容易混淆的字样。建议在项目开发阶段建立产品词典，其中包括产品中的常用术语及描述，设计或开发人员要严格按照产品词典中的术语来展示文字信息。

图 1-7 所示的 3 个界面就很好地体现了一致性原则，其色调、线条、字体等视觉元素都是一致的。

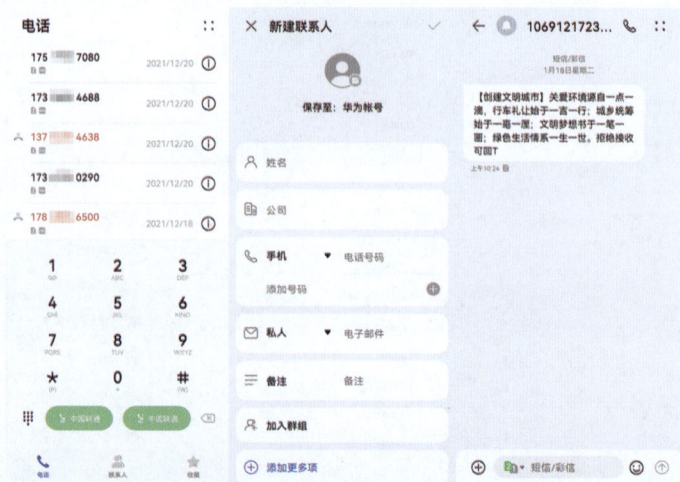

图 1-7　一致性原则

1.3.3　简单美观原则

任何产品或程序的 UI 设计都应该是简单、美观、易于使用的。实际上，扩充功能和保持简单是相互矛盾的，一个有效的设计应该尽可能平衡二者。保持简单的一种方法就是将信息减到最少，只要能够正确进行交互即可，不相关或冗长的信息会扰乱设计，使用户难以方便地提取重要信息。例如，开发一个在手机上运行的播放器程序时，启动界面可以提示用户"如果要调整音量，可以用手指向上滑动放大音量，向下滑动减小音量"。这条提示信息很详细，但是启动界面可能只显示 2~5 秒，而相似的提示信息（如快进 / 快退的操作方法等）可能还有几条，用户难以在短时间内阅读完毕，更不要提掌握它们的使用方法了。如果我们将这些信息简化，借助手势图和方向箭头来表示，再加以简单的文字说明（如"音量控制"），就可以很好地展示提示信息，也可以使用户在短时间内掌握使用该程序的方法。简单且便于掌握的提示信息如图 1-8 所示。

图 1-8　简单且便于掌握的提示信息

不管是在何种设备上运行的程序，界面美观与否是用户对程序的第一印象。出现在界面上的每一个视觉元素都很重要，图形的创意、颜色的运用、可视化设计的技巧等都是构成美观的界面所必不可少的元素。它们互相搭配，共同提升用户的视觉体验，提高用户的使用满意度。简单美观的界面设计如图 1-9 所示。

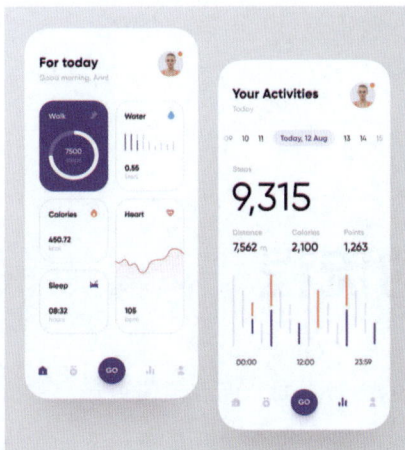

图 1-9　简单美观的界面设计

1.3.4 布局合理原则

UI 设计需要充分考虑布局的合理化问题，一般提倡多做"减法"运算，将不常用的功能区块隐藏，这样有利于提高软件的易用性及可用性。布局合理化主要包括以下几个方面的内容。

（1）遵循用户从上往下、自左向右的浏览及操作习惯。

（2）注意将用户常用的功能按钮排列紧密，不要过于分散，否则会造成用户手指移动距离过长，影响用户的使用体验。

（3）确认按钮一般放置在左边，取消或关闭按钮放置于右边。

（4）所有控件元素应避免贴近界面边缘。

（5）设计界面布局时应避免出现横向滚动条。

总体来说，布局设计是为了提升用户的使用体验，因而最适合用户使用的布局设计才是最合理的。图 1-10 所示的布局设计就很合理，信息浏览区域明显，操作简单，按钮位置也符合用户的使用习惯。

对于手机等移动终端设备来说，布局设计需遵守一些特殊的规范，我们会在"项目 3 界面设计"中详细介绍。

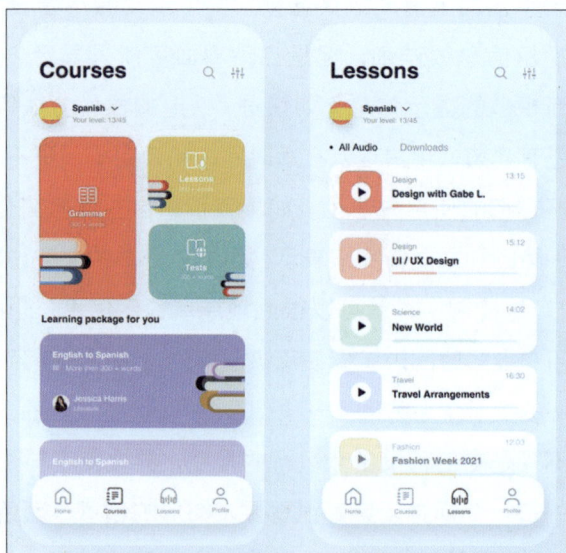

图 1-10 布局合理化

1.4

UI 设计的流程

UI 设计不仅要研究产品的图形界面，而且要研究产品的交互设计，并且要确立交互模型、交互规范，同时要测试交互设计的合理性及图形设计的美观性等。也就是说，UI 设计包括用户研究、交互设计和界面设计 3 部分。按照各部分的工作任务，UI 设计的流程（见

图 1-11）可以分为以下几个阶段。

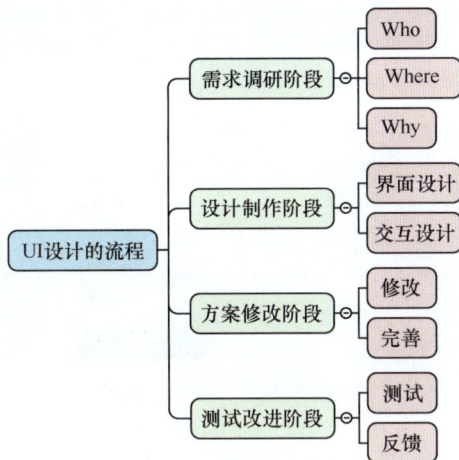

图 1-11 UI 设计的流程

1.4.1 需求调研阶段

需求调研阶段主要分析产品用户的需求及同类产品的优缺点。

分析产品用户的需求包括分析产品的使用者、使用环境以及使用方式。产品的使用者、使用环境和使用方式不同，产品用户的需求也不尽相同。例如面向儿童开发的产品和面向家长开发的产品是完全不同的两个概念，同一产品在计算机端和在移动端的界面不能使用同一款设计文案等。也有人将该阶段的任务总结为 3W——Who、Where、Why，即什么人用，在什么地方用，为什么用。其中任何一个元素发生改变，结果都会有所区别。

所谓"知己知彼，百战不殆"，若要为一个产品进行 UI 设计，那么了解同类产品的优缺点是非常重要的。例如，我们若要设计一款网上聊天软件，就可以对 QQ、微信、易信等同类产品进行调研，总结出各个产品的优缺点，分析自己设计的切入点。设计时不能过于标新立异，要始终把产品用户的需求放在首位，并结合竞品分析，才能做出好的设计。

1.4.2 设计制作阶段

需求调研完成后，UI 设计便进入设计制作阶段。设计包括界面设计、交互设计。设计制作阶段要形成一套完整的设计方案。界面设计当然要以美观为主，简洁、易用的界面才能让自己的产品在同类产品中脱颖而出。交互设计要分析产品必需的功能、内容，通过原型工具来规划布局和流程。如果有条件，可以多设计几种不同风格的方案备选，如图 1-12 所示。

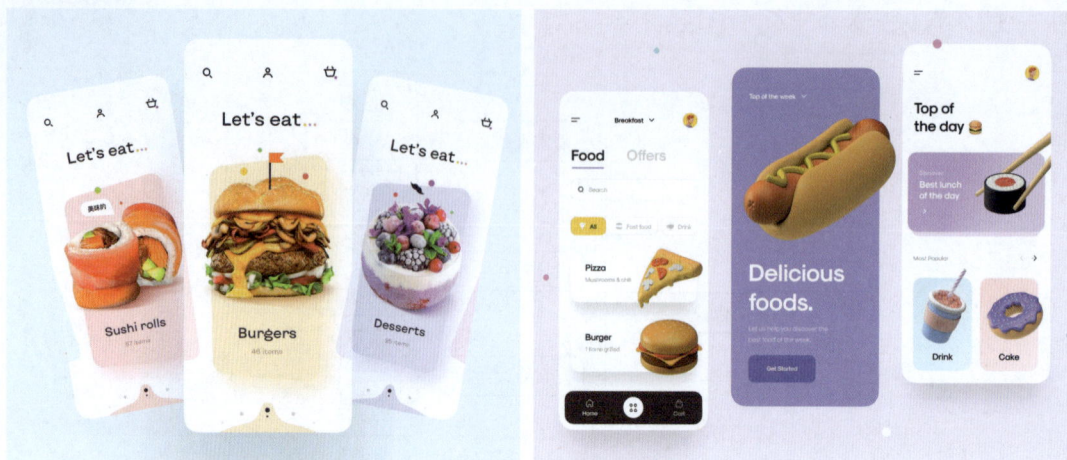

图 1-12　不同风格的方案

1.4.3　方案修改阶段

将设计方案提交给客户后，我们需要与客户进行沟通，根据客户的需求来修改设计方案，但也要考虑客户需要的功能或技术能否实现。有些客户的修改意见在规定时间内是难以完成的。比如，完成修改需要 3 个月，但如果离最后的交付时间只剩 2 个月，我们就可以将这些功能留待下次产品改版或升级时实现。

1.4.4　测试改进阶段

设计方案交付并通过以后，我们可以将产品推向市场。但此时 UI 设计并没有结束，我们还需要跟踪了解用户的反馈。好的设计师应该在产品上市以后主动接近市场，与用户零距离接触，了解用户使用时的真实感受，为以后的产品升级搜集资料。

1.5

任务　用户调研

本节任务是完成需求调研阶段的用户调研工作。那么，为什么要进行用户调研？怎样进行用户调研呢？

☐　知识储备

1.　用户调研的必要性

从前面介绍的内容可以看出，UI 设计始终围绕用户的需求、用户的满意度、用户的使用习惯等进行，这些都属于用户体验的范畴。用户体验就是用户在使用产品的过程中建立起来的一种纯主观的感受。

用户体验的核心是用户需求。只有明确用户需求，UI 设计师才能设计出令用户满意的产品，才能优化用户体验，留住或带来更多的用户，提升产品或服务的商业价值。

用户调研是了解用户需求的主要方式。用户调研是通过各种方式得到受访者的建议和意见，并进行汇总。图 1-13 所示为用户调研的场景。

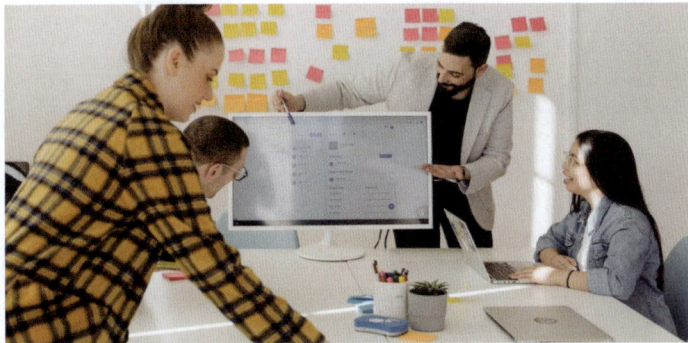

图 1-13　用户调研的场景

2.　用户调研的方法

用户调研的方法一般分为定性研究和定量研究两种。

定性研究主要是指探索性的研究，致力定性地确定用户需求，它有助于设计师在设计初期构建想法。常用的定性研究方法有用户访谈法、情境访谈法和卡片分类法等。

定量研究主要是为了测试和验证假设，它是结构化的、客观的、可衡量的，更具备科学性。定量研究往往需要较大的样本量。常用的定量研究方法有问卷调查法、数据分析法、A/B 测试法等。

我们在进行用户调研时可以将定性研究与定量研究相结合，先用定性研究方法了解用户需求，再用定量研究方法进行测试和验证。

3.　问卷调查法

在本节任务中，我们选用问卷调查法来进行用户调研。

问卷调查法是通过一系列问题来收集所需信息的研究方法，它的形式多样，包括电话问卷、在线问卷、纸质问卷等。

问卷调查法需要尽可能多的用户参与，调查的问题一定是经过精挑细选的，问题与其多而杂，不如少而精。此外，问卷的设计也很重要，精美的问卷设计能吸引用户关注，提高问卷的完成率。问卷调查法如图 1-14 所示。

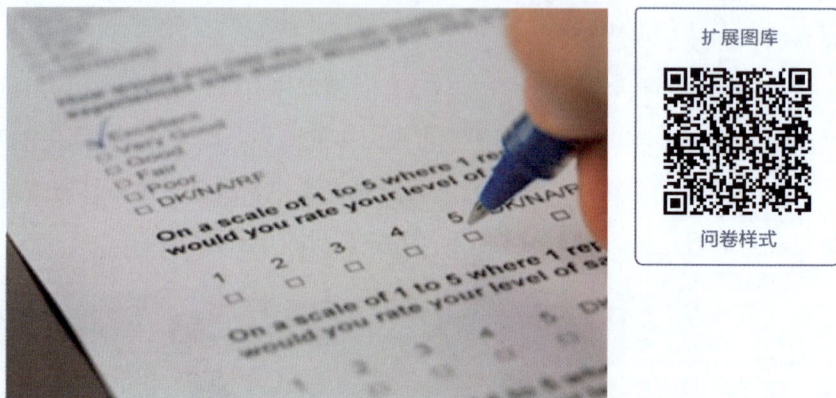

图 1-14　问卷调查法

问卷调查法的实施步骤可以归纳如下。

（1）确定主题。依据要调查的内容确定调查问卷的主题，明确调查的目的，同时要明确相关的规定。

（2）设置问题。设置的问题要条理清楚、通俗易懂、简洁明了，问题的数量要适中，问题越多的问卷往往完成率越低。同时，问题之间要有一定的关联，答案的顺序也要合理设计和安排。

（3）测试问卷。在正式发放调查问卷之前，可以对问卷进行测试。测试问卷有助于及时发现问题，以便对问卷进行必要的调整和改进。

（4）邀请调查对象。结合目标用户群邀请合适的调查对象，以减少无效的调查问卷。

（5）汇总调查结果。将调查结果进行汇总，撰写调查报告，展示调查结果。

□ **任务实施**

在本节任务中，我们拟开发一款小学数学学习 App，这类 App 的核心用户包括老师、家长和学生。我们利用"问卷星"平台来设计一份针对家长用户群体的调查问卷。

① 打开"问卷星"平台，可以注册新用户，也可以利用 QQ、微信等第三方账号登录，登录后即可进入图 1-15 所示的访问界面。

② 选择"创建问卷"，在图 1-16 所示的界面中选择"调查"，确定调查问卷的标题为"关于小学数学学习的调查问卷"，如图 1-17 所示。

图 1-15 访问界面

图 1-16 选择问卷类型

图 1-17 确定问卷标题

③ 可以选择"从模板创建问卷""文本导入"等创建方式，也可以选择"立即创建"，进入图 1-18 所示的问卷设置界面，即可开始创建问题。我们先创建一道单选题，如图 1-19 所示。

图 1-18　问卷设置界面

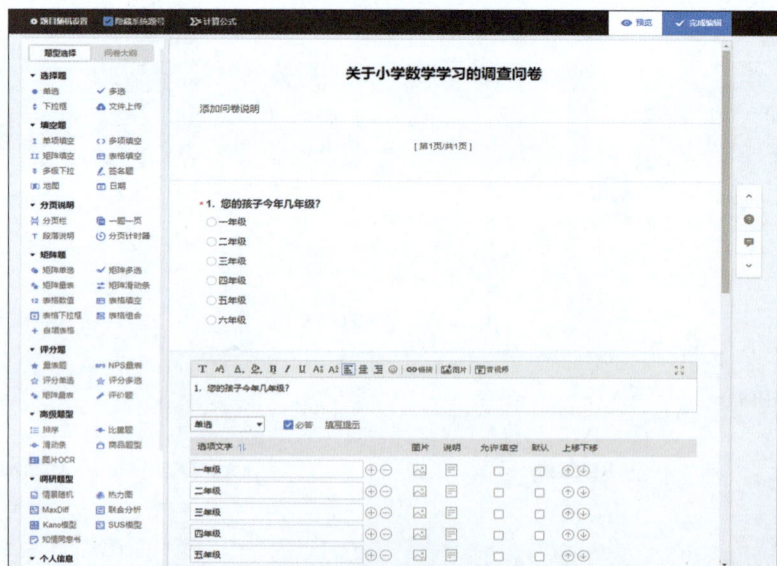

图 1-19　创建单选题

按照这样的方法，我们可以添加各种类型的问题。编辑完成后，可以点击右上角的预览来预览问卷。图 1-20、图 1-21 所示分别是手机端和计算机端的预览效果。预览问卷后，如果没有问题，就可以发布问卷了。

图 1-20　手机端的预览效果

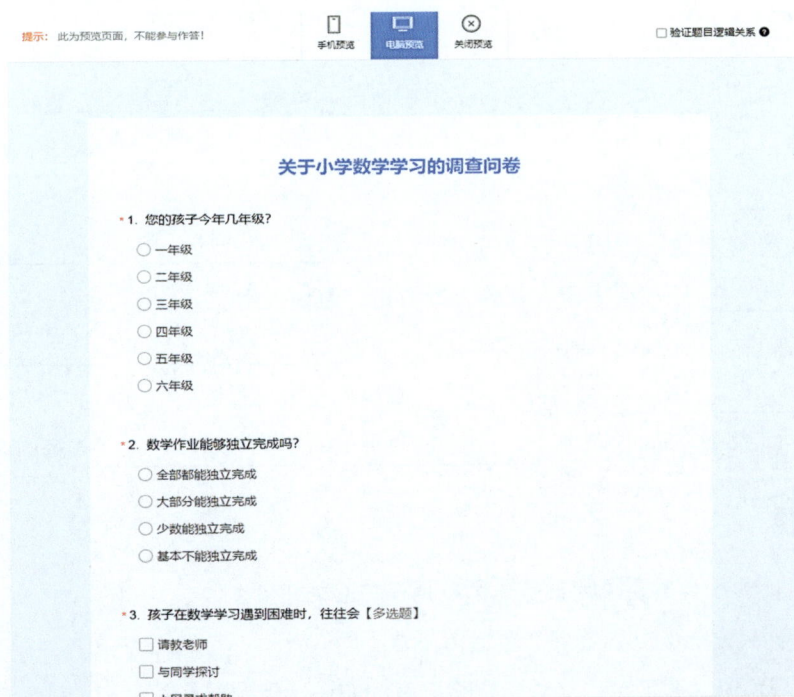

图 1-21　计算机端的预览效果

　　看到这里，相信你已经知道该如何设计一份用户调查问卷了吧。你可以自己拟定一个调查主题并完成调查问卷设计，快动手试试吧！

1.6 知识回顾

在项目 1 中，我们概括性地介绍了 UI 设计的概念、UI 设计的分类、UI 设计的原则以及 UI 设计的流程，并在任务实践中明确了用户调研的必要性和用户调研的方法。现在，你已经对 UI 设计有了初步的了解，对用户体验的重要性有了清晰的认识，这将为后续的学习奠定坚实的基础。

1.7 拓展训练

一、填空题

1. UI 是由 "User Interface" 的首字母组成的，译为＿＿＿＿＿＿＿＿。

2. UI 设计的流程可以分为＿＿＿＿＿＿＿＿、＿＿＿＿＿＿＿＿、＿＿＿＿＿＿＿＿、＿＿＿＿＿＿＿＿几个阶段。

3. 有人将需求调研阶段的任务总结为 3W——＿＿＿＿＿＿＿＿、＿＿＿＿＿＿＿＿、＿＿＿＿＿＿＿＿，即什么人用，在什么地方用，为什么用。

4. 总体来说，UI 设计的原则主要包括＿＿＿＿＿＿＿＿、＿＿＿＿＿＿＿＿、＿＿＿＿＿＿＿＿、＿＿＿＿＿＿＿＿等。

5. 用户调研的方法可以分为＿＿＿＿＿＿＿＿和＿＿＿＿＿＿＿＿两种。

二、判断题

1. UI 设计的一个重要原则就是永远以用户体验为中心。（　　　）

2. UI 设计只要标新立异就好，要追求与众不同。（　　　）

3. 设计界面时，要尽可能允许用户将已有的知识运用到新产品中。（　　　）

4. 以用户为中心的设计要让用户感觉被软控制件而不是能够控制软件。（　　　）

5. 问卷调查法属于定性研究方法。（　　　）

1.8
案例欣赏

扩展图库

调研问卷

作为一名设计师，用户调研问卷可以帮助我们更好地了解用户需求，使设计的产品更能以用户体验为中心。一份好的调研问卷应该逻辑缜密、问题严谨、由浅入深、文案精练、数据落地。

我们选取了两款样式精美的调研问卷案例进行展示。因篇幅限制，对调研问卷进行了裁切。每个案例的左边图形是问卷的上半部分，右边图形问卷的下半部分。

案例 1：用户调研问卷欣赏

飞书管理后台用户调研问卷

敬爱的用户，您好！为了提升您使用飞书管理后台的体验，诚邀您参与此次调研活动。
完成问卷预计需要 1~8 分钟，我们会从认真答题的用户中抽取 10 名用户赠送纪念礼品一份，期待您的满意反馈。

01· 请您根据最近三个月使用飞书管理后台的感受，对以下描述进行评价：1 分表示完全不认同，7 分表示完全认同。

	1分	2分	3分	4分	5分	6分	7分
我觉得飞书管理后台很容易使用。	○	○	○	○	○	○	○
我觉得根据提示和引导，能容易上手使用。	○	○	○	○	○	○	○
我觉得操作/流程清晰易懂，使用时知道下一步需要做什么。	○	○	○	○	○	○	○
我觉得飞书管理后台上的文案（卡通、提示等）容易看理解。	○	○	○	○	○	○	○
我能很快找到想要的功能/页面/入口。	○	○	○	○	○	○	○

02· 请您根据最近三个月使用飞书管理后台的感受，对以下描述进行评价：1 分表示完全不认同，7 分表示完全认同。

	1分	2分	3分	4分	5分	6分	7分
我觉得在使用飞书管理后台时，整体感觉很安全。	○	○	○	○	○	○	○
操作很安全，操作有风险时，系统会提示预警。	○	○	○	○	○	○	○
在出现错误操作时，我能轻松且快速的进行纠正。	○	○	○	○	○	○	○

03· 在最近三个月，您在飞书管理后台上使用过哪些功能/页面？

- 轻松上手飞书
- 会议室
- 飞书管理后台首页
- 组织架构
- 邮箱
- 企业设置
- 帮助中心/管理员手册
- 工作台
- 其他，请注明：
- 以上都没有使用过

04· 在最近三个月，您在使用飞书管理后台时，遇到过下列哪些问题/困扰？

- 文案卡通太复杂，不容易理解
- 产品加载速度慢
- 操作缺乏反馈，不知道是否操作成功/生效
- 任务流程不清晰，不知道下一步怎么操作
- 帮助指引不清晰，无法解决问题
- 产品性能不稳定，出现错误
- 找不到要的功能入口
- 遇到问题时，找不到帮助指引

06· 您是否使用过下列其他类似产品的管理后台：

- Google Workplace 管理后台
- 钉钉管理后台
- 泛微管理后台
- 企业微信管理后台
- Microsoft 365 管理后台
- 其他，请注明：
- 以上都没有使用过

07· 您目前在公司承担的岗位职务是：

- 董事长/CEO/老板
- CTO
- 信息安全负责人
- IT 工程师
- 人力资源
- 项目管理
- 财务
- 行政
- 其他，请注明：

08· 您在管理后台中的身份是：

- 企业创建人
- 超级管理员
- 管理员

09· 您当前所在公司的规模是：

- 10 人以内
- 10-99 人
- 100-999 人
- 1000-9999 人
- 10000 人及以上

10· 您对飞书管理后台是否有您的建议？

您的每一条反馈我们都会用心倾听，期待您的进步反馈

11· 您是否愿意参与飞书管理后台的后续调研或测试体验优化活动，如果愿意，请留下您的联系方式？
（参与飞书管理后台用户体验的研究，调研等活动，即可获得价值飞书产品使用周期限制及活动纪念礼品一份）

- 我愿意参加，请通过电话联系我，我的电话号码是：
- 我愿意参加，请通过飞书联系，我的飞书号码是：
- 我不想参加

[提交]

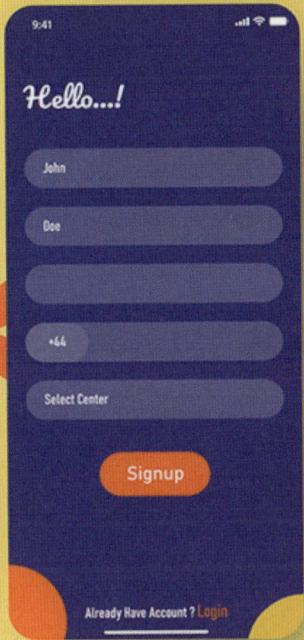

项目 2
主题图标设计

本项目要求完成一组手机主题图标的设计。那么，什么是图标呢？主题图标是指什么呢？图标设计有哪些原则呢？

拨号.png　短信.png　联系人.png　图库.png　相机.png　电子邮件.png　浏览器.png　日历.png　天气.png

视频.png　音乐.png　时钟.png　收音机.png　文件管理器.png　设置.png　安全中心.png　计算器.png　系统更新.png

下载管理.png　便签.png　我的小米.png　小米商城.png　小米生活.png　应用商店.png　游戏中心.png　语音助手.png　指南针.png

主题风格.png　地图.png　多看阅读.png　二维码扫描.png　录音机.png　米聊.png　sim卡应用.png　文件夹.png　第三方图标背板.png

学习引导		
	知识目标	能力目标	素质目标
学习目标	了解图标的概念； 了解图标的种类； 掌握图标设计的原则； 掌握图标设计的流程； 了解手绘图标、计算机制图的方法； 了解操作系统的规范等	能够把握图标设计风格； 能够独立完成图标草图绘制； 能够使用平面设计软件完成计算机制图； 能够完成主题界面制作	具有创新意识，善于思考； 具有自主学习的习惯
实践课程	图标草图绘制； 计算机制图； 主题界面制作		

2.1 什么是图标

我们在使用手机、平板电脑、智能手表等设备的时候，会发现大量的图标，如图 2-1 所示。这些图标比文字描述更加直观、美观，可以提升软件功能的可用性，极大地优化视觉效果。

图 2-1　图标

扩展图库

图标的应用

苹果用户体验设计师迈克·斯特恩（Mike Stern）对于 UI 和软件图标的重要性这样解释："用户并不会根据你使用了多少技术或整合了多少 API（Application Progamming Interface，应用程序接口），或者因为你使用的代码有多厉害而对软件做出评价。用户关注的是你的软件能用来做什么，给他们带来什么感受。用户期待你的软件能给他们带来直观的、美妙的，甚至不可思议的体验。"可见，除了软件的功能，用户对图标、界面等视觉元素以及交互功能的设计也十分关注。因此，图标设计在软件设计中是十分重要的。

很多人认为图标就是图像，其实，这种说法有些狭隘。图标既可以是图像，也可以是一段文本、一个 logo，或者是这些元素的组合。所以，图标是一组高度浓缩、能快速传递信息、便于记忆的图形。

在设计图标的时候，要注意它的美观性和实用性，二者兼顾，才能得到最好的设计效果。一些初学设计的人，往往会过于关注图标的美观性，将大部分精力放在图标的修饰上，而忽略了图标的实用性。在图标比赛中这样做也许可以获奖，但是在实际应用中却不可行。例如我们要设计一款关于"技能明星"的图标，图 2-2 所示的两个图标都是备选方案，就辨识度来说，图 A 显然比图 B 更具辨识度。

A   B

图 2-2　图标的辨识度

所以，在设计图标时，应该对图标的使用环境、所要实现的功能有清晰的认识，这样才能设计出辨识度高、用户易于理解的图标。

2.2

图标的分类

图标按功能可以分为启动图标、应用图标和功能图标，如图 2-3 所示。本项目提到的主题图就是启动图标。

图 2-3　按功能分类

图标按设计风格可以分为剪影图标、扁平图标和拟物图标，如图 2-4 所示。

图 2-4　按设计风格分类

2.3

图标设计的原则

1. 可识别性原则

　　可识别性原则是图标设计的首要原则。可识别性原则是指设计的图标要能准确地体现相应的操作，让初次使用该产品的用户能够一看就懂，尽量避免误导性、歧义性。图 2-5 所示的这组图标形状简单，可识别性较高，甚至不需要文字释义，用户就能够清楚地知道它们所代表的操作。

创建　　添加　　删除　　前进　　后退

图 2-5　图标的可识别性

Adobe 公司开发的 Photoshop 软件是业界公认的方便、快捷的图形图像处理软件之一。从图标设计的角度来看，这款软件的图标简洁实用、可识别性高，每个工具、命令的图标都清晰地体现了其所代表的操作，值得图标设计初学者研究、借鉴。Photoshop 的操作图标如图 2-6 所示。

图 2-6　Photoshop 的操作图标

2. 差异性原则

一组图标会出现在同一个手机主题中，会出现在同一个 App 中，这种同一性需要这组图标有共性特征。例如图 2-7 所示的手机主题图标，它们的外形一致，颜色的亮度、饱和度一致，所以它们被认为有共性特征。

扩展图库

图标的差异性

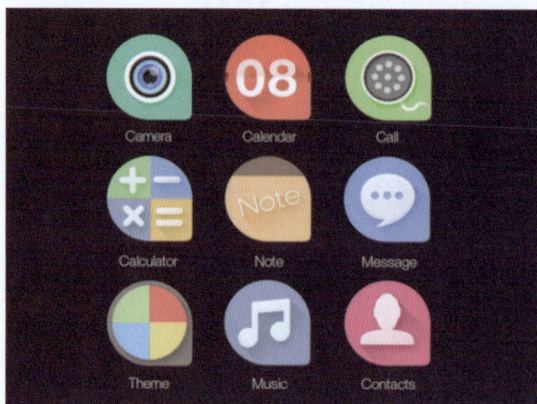

图 2-7　手机主题图标

但是，在强调共性特征的同时，不能忽略图标之间的差异性。每个图标所代表的含义和操作是不相同的，如果过分强调共性特征，差异性就会弱化，从而分不清每个图标的区别。在图 2-8 所示的图标中，左侧两个图标的相似度过高，差别较小，它们一旦缩小，就会很难分清，右侧两个图标也是如此。

图 2-8　相似的图标

因此，在设计图标时，要有合理的规划，既要重视所有图标的共性特征，又要突出每个图标的个性，这样才能设计出优秀的图标作品。

3. 合适的精细度

图标过于简单或过于复杂，都不是很合适。在图 2-9 所示的一组关于"设置"的图标中，A 图标过于简单，几乎看不出图形的变化；B、C、D 图标不仅有颜色、细节表现等方面的区别，而且精细度都较为合适，可以体现该图标所代表的操作。E 图标在细节表现上非常细致、逼真，但是显得过于累赘，尤其是在尺寸变小之后，E 图标更不容易看清细节。所以，在 5 个图标中，B、C、D 图标是可取的。

图 2-9　"设置"图标

从上面的分析可以看出，图标的可用性随着精细度的变化，呈现出类似于波峰的变化趋势，如图 2-10 所示，该坐标系的横轴表示图标的精细度，纵轴表示图标的可用性。从图 2-10 可以看出，当图标的精细度为 0 的时候，图标几乎没有可用性；随着精细度逐渐增大，图标的可用性也逐渐升高；而当精细度过大时，图标的可用性反而会降低。

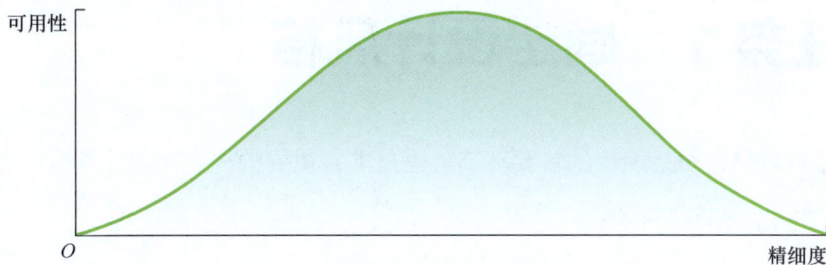

图 2-10　波峰曲线

4. 风格统一

图标的风格表现为图标题材选择的一贯性和独特性、对图标主题思想的挖掘，也表现为创作手法的运用、塑造形象的方式、对艺术语言的驾驭等的独创性。如果一组图标的视觉设计协调统一，其选用的元素的出处统一，我们就说这组图标具有自己的风格。在图 2-11 所示的两组图标中，左侧的图标取材于糕点，右侧的图标取材于中国古典元素，它们都有自己的风格。

扩展图库

图标的风格

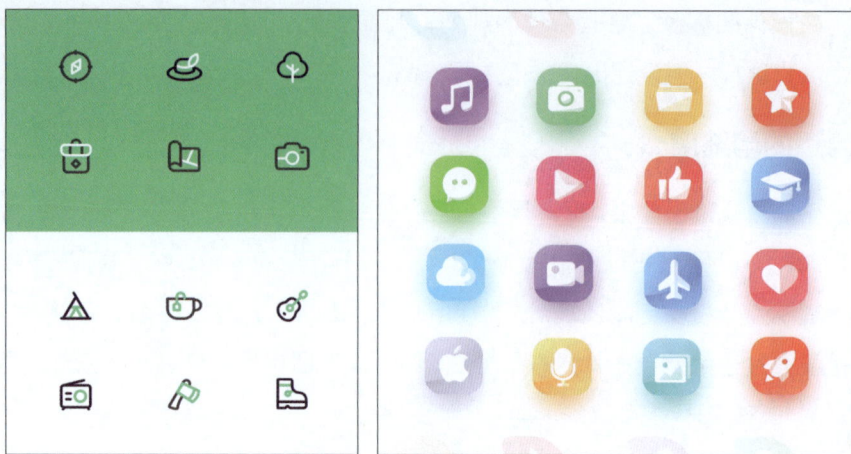

图 2-11　图标的风格统一

图标设计看上去很简单，实际上要设计出高质量、有特色的图标并不容易。图标设计一般遵循"确定设计风格——图标草图绘制——计算机制图——主题界面"这样的流程进行。接下来，我们就从确定图标的设计风格开始吧。

2.4

任务 1　确定设计风格

确定设计风格是图标设计的首要环节，也是非常重要的一个步骤。那么，什么是图标的设计风格呢？怎么做到风格统一呢？

▯ 知识储备

图标的设计风格有很多，没有固定的形式，也没有所谓的对错。图标的设计风格的流行趋势会变化，有时流行复古风格，有时又流行现代风格。目前，图标的扁平化设计风格成为流行趋势，它强调图标的简洁性、寓意性，去除冗余、厚重和繁杂的装饰效果，让图标所代表的功能本身作为核心被凸显出来。图 2-12 所示的一组小米手机图标的设计风格就是典型的扁平化设计风格。

明确了图标的设计风格再开始设计工作，能够保证每个图标的设计风格统一。2016 年，MBE 风格图标风靡一时，在追波（Dribbble）、站酷等国内外设计平台上广泛传播。图 2-13 所示为 MBE 风格图标。MBE 风格是从线框型卡通画演变而来的，相较于没有描边效果的扁平化的插画风格，MBE 风格去除了不必要的色块区分，更简洁、通用、易识别。MBE 风格图

标粗线条的描边效果起到了对界面的绝对分割作用，还可以凸显图标，使每个图标之间的
界限更清晰。

图 2-12　扁平化设计风格

图 2-13　MBE 风格图标

　　MBE 风格图标的统一表现在设计手法上，初学者也可以尝试在图标的外形上寻求统一。
在图 2-14 所示的两组图标中，每组图标的外形都是一致的，在统一的外形中再添加不同
的元素对图标进行区分。在设计这种类型的图标时，我们要注意遵守图标的差异性原则，
要让用户能够很容易地辨识出每个图标的含义。

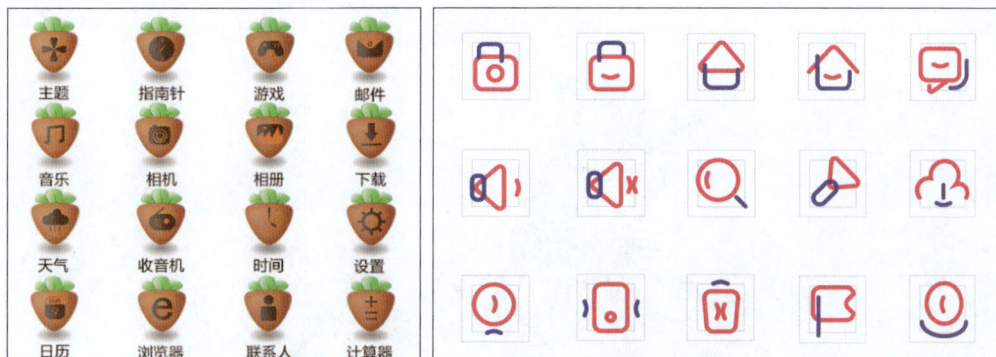

图 2-14　外形统一的图标设计

统一图标设计风格的另一种常用方法是统一图标设计元素的出处，它们可以选自同一个时代、同一部电影、同一个环境……将这些图标设计成拟物化的图形，也能够达到很好的设计效果。图 2-15 所示的一组图标的设计灵感来源于西方中古时期，这组图标是以当时的物品为原型，提取其特征并适当加入新元素设计出来的，部分图标的设计过程如图 2-16 所示。

图 2-15　设计元素来自同一时代的图标

图 2-16　设计过程

¤ 任务实施

本节任务是设计一组卡通风格的主题图标。设计元素均来源于"小黄人"，这一卡通形象如图 2-17 所示，选取它的特点、喜好等元素，与主题图标的含义（如电话、相机、短信等）相结合，即可形成一组设计风格统一的图标。发挥你的想象力，让我们一起来设计吧。

图 2-17　"小黄人"卡通形象

2.5
任务 2　图标草图绘制

在确定了图标的设计风格之后，我们就可以绘制图标草图了。那么为什么要绘制图标草图呢？

□ **知识储备**

绘制图标草图就是手绘图标的设计草稿。对于设计师来说，手绘是不可替代的，因为手绘是设计师用来表达情感、传达设计理念、表述方案结果的最直接的"视觉语言"。不论设计对象是什么，设计师在获得灵感、形成具体的设计思路之前，都可以借助手绘草图来整理思路、实现创意，这种方法效率高，手绘草图也易于修改。图 2-18 所示的就是手绘草图。

图 2-18　手绘草图

相较于游戏原画设计、建筑设计、工业设计等，图标设计对手绘的要求并不高，更多的是正确运用一些构成原理，所以只要把握好形体、空间、明暗关系，就基本可以满足图标的手绘要求了。图 2-19 所示是图 2-15 所示的图标的手绘草图，它是后期计算机制图的基础。因为篇幅有限，素描的相关知识在这里就不赘述了，有兴趣的读者可以阅读相

扩展图库

手绘图标

关计算机书籍了解更多的内容。

图 2-19 手绘草图

❑ **任务实施**

本节任务是挖掘出"小黄人"的相关元素的特点（比如外形、功能、颜色等），将其与主题图标中各图标的含义联系起来，并通过手绘完成创意的具体表现。

例如，"小黄人"最爱吃的香蕉的外形与话筒的外形相似，如图 2-20 所示，所以我们可以将香蕉设计成"电话"图标，再添加一些元素让其更加形象、生动，"电话"图标的手绘效果如图 2-21 所示。

图 2-20 香蕉与电话外形相似

图 2-21 "电话"图标的手绘效果

精讲视频

手绘图标

再如"小黄人"的眼睛是圆形的，带有金属外框，其形状、特点与收音机的扬声器非常相似，如图 2-22 所示，所以我们可以将收音机的扬声器用"小黄人"的眼睛替换，设计出"收音机"图标，其手绘效果如图 2-23 所示。

图 2-22　眼睛与扬声器外形相似

图 2-23　"收音机"图标的手绘效果

按照这种设计方法，我们可以设计出包括短信、联系人、图库、相机、浏览器、音乐、视频、时钟、日历、指南针、天气、计算器、地图、电子邮件、主题市场、应用市场、系统更新、游戏中心、安全中心、文件管理、下载管理、SIM 卡应用等在内的系统图标，部分图标的手绘效果如图 2-24 所示。

图 2-24　部分图标的手绘效果

2.6

任务 3　计算机制图

绘制完图标草图后，我们就可以使用计算机进行图标的效果图制作了。那么，我们需要使用什么软件进行制作呢？在制作中需要注意哪些问题呢？

◻ **知识储备**

2.6.1　图标制作软件

常用的图标制作软件是 Adobe 公司开发的 Photoshop 和 Illustrator，它们的图标如图 2-25 所示。

图 2-25　图标制作软件

Photoshop 主要用于处理位图图像，经 Photoshop 处理后的图像色彩丰富细腻、光影变化流畅、羽化过渡自然。Photoshop 拥有功能强大的滤镜和图层样式，能为图像增添无穷的变化效果。Illustrator 主要用于处理矢量图像，在文字排版、路径造型、路径修改等方面优势突出。所以，在制作图标时，我们可以依据实际情况决定使用哪款软件。在图 2-26 所示的图标效果图中，左侧的图标纹理效果逼真，光影变化比较多，用 Photoshop 来制作比较适合；右侧的图标效果简单，路径形状有变化，可以使用 Illustrator 来制作。

图 2-26　图标效果图

当然，两个软件的用途并不是绝对地有所区分，我们在制作图标时，经常会将两个软件结合使用。有人说，Photoshop 与 Illustrator 是平面设计的两根筷子，少了哪一个都吃不了饭。这个比喻虽然有些夸张，但是形象地说明了二者在制作图标的过程中可以优势互补，我们可以利用两个软件各自的优势达到制作图标的目的。在制作图标的过程中，图标整体的形状、大小的变化可以使用 Illustrator 来实现，其中的渐变、明暗变换效果则可以使用 Photoshop 来制作。将两个软件结合使用，我们就可以完成图标的制作了。图 2-27 所示为结合使用两个软件制作的图标效果图。

图 2-27　结合使用两个软件制作的图标效果图

扩展图库

计算机制作
图标效果图

2.6.2　不同系统的图标设计制作规范

这里所说的图标设计，其实是适用于移动操作系统的图标及主题设计。移动操作系统通常指在手机上运行的操作系统。常见的移动操作系统有 iOS、Android、Windows Phone、Firefox OS 等。国内手机用户主要使用 iOS 和 Android 两种系统，两者的图标如图 2-28 所示。

图 2-28　iOS 和 Android 系统

苹果公司的手机和数码产品使用的都是 iOS 系统，使用 Android 系统的公司则有三星、中兴、华为等。两种系统的软件开发工具不同，平台不同，其 UI 设计的规范也有所区别。就图标而言，iOS 系统和 Android 系统的图标大小、命名规范都不相同。

1. iOS 系统的图标设计制作规范

这里以苹果公司的 iPhone 和 iPad（见图 2-29）为例说明 iOS 系统的图标设计制作规范。

图 2-29　iPhone 和 iPad

iOS 系统图标的命名与尺寸可参考表 2-1。

表 2-1　iOS 系统图标的命名与尺寸

后缀	适用机型	分辨率	图标尺寸
@1x	iPhone1/3G	320 像素 ×480 像素	60 像素 ×60 像素
@2x	iPhone4/5/6/7/8	640 像素 ×960 像素（iPhone 4） 640 像素 ×1136 像素（iPhone 5） 750 像素 ×1334 像素（iPhone 6/7/8）	120 像素 ×120 像素（App） 1024 像素 ×1024 像素（App Store）
@3x	iPhoneX/11Pro/12/12Pro	1125 像素 ×2436 像素（iPhone X/11Pro） 1170 像素 ×2532 像素（iPhone12/12Pro）	180 像素 ×180 像素（App） 1024 像素 ×1024 像素（App Store）

iOS 系统图标一般命名为 "Icon@1x.png" "Icon@2x.png" "Icon@3x.png"，其中 @1x、@2x、@3x 可以简单地理解为数量关系，如 @3x 是 @1x 的 3 倍。例如，我们使用 750 像素 ×1334 像素（iPhone 6/7/8）的尺寸做设计稿，那么切图输出就是 @2x，缩小 200% 就是 @1x，扩大 1.5 倍就是 @3x。最标准的适配方式就是在图标制作完成后保存 3 套图，程序运行时会自动选取对应的图片。

在设计 iOS 系统的图标时，我们要按照系统对于图标的标准尺寸要求来进行相应的设置和操作。例如，iOS 系统中所有图标的圆角效果不是按一定的半径值裁剪出来的，而是由系统自动生成的，所以提交图标时不需要进行圆角裁剪。

2. Android 系统的图标设计制作规范

使用 Android 系统的设备众多，屏幕的参数多样化，因此在设计图标时需要考虑屏幕密度和图标大小。同一个图标在高密度的屏幕上要比在低密度的屏幕上看起来小，为了让两个屏幕上的图标看起来效果差不多，可以采用以下两种方法：一是通过程序将图标进行缩放，二是分别为其提供适应屏幕密度的图标。从效果上看，前者势必会出现失真、细节缺失等问题，而后者的效果更好。

但是如果为每一种密度的屏幕都设计一组图标，就会导致工作量大且屏幕不能满足程序的兼容性要求。为了简化设计并且兼容更多的程序，Android 系统依照屏幕尺寸和屏幕密度（分辨率）对图标尺寸进行了区分，如表 2-2 所示。

表 2-2　Android 系统图标尺寸

屏幕尺寸	分辨率	图标尺寸（例）
小	低（120dpi）	36 像素 ×36 像素
正常	中（160dpi）	48 像素 ×48 像素
大	高（240dpi）	72 像素 ×72 像素
特大	超高（320dpi）	96 像素 ×96 像素

从表 2-2 可以看出，我们需要针对不同屏幕密度设计出尺寸有所区别的图标。例如，在 160dpi 的屏幕上，图标尺寸为 48 像素 ×48 像素，在 240dpi 的屏幕上，则应调整为 72 像素 ×72 像素。

也就是说，在设计 Android 系统图标时，我们可以为 4 种常见的屏幕密度（见表 2-2）中的每一种都创造一组独立的图标，然后把它们存储在特定的资源目录下。当程序运行时，Android 系统会检查设备屏幕的特性，从而加载特定资源目录下相应的图标。

2.6.3　通用的图标设计制作规范

从图标设计的角度来说，iOS 和 Android 这两种系统的设计制作规范越来越通用。目前，很多 Android 系统的图标风格与 iOS 系统的图标风格相似，也就是说，基本采用一套 iOS 系统设计模板来适配 Android 系统。

虽然创意设计是无限的，但是一些需要注意的问题还是值得我们留意的。

1. 光源方向统一

图标的常用光源方向有 3 种——顶光源、面光源、45 度角光源，如图 2-30 所示。在设计一组图标时，我们必须保证光源方向统一，如图 2-31 所示。

顶光源　　　　面光源　　　45 度角光源

图 2-30　光源方向

扩展图库

图标光源方向统一

图 2-31　光源方向统一

2. 裁切区域和安全区域调整

我们制作的图标上传到系统平台时，会依据平台要求进行裁切。所以，我们要保证图标的主体部分被控制在不被裁切的区域，即所谓的安全区域。例如，小米 V5 系统主题图标的尺寸要求是 136 像素 ×136 像素，图 2-32 所示的深色区域就是图标的裁切区域，而中间浅色的安全区域的尺寸应该是 120 像素 ×120 像素。

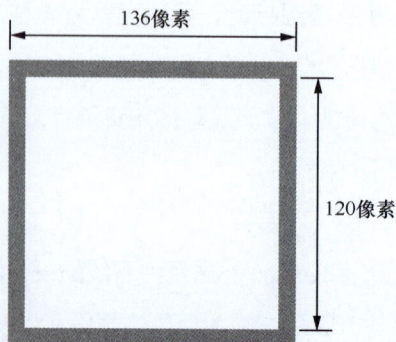

136像素

120像素

图 2-32　裁切区域和安全区域

为了使图标能够正确显示，在设置图标大小的时候，我们就要依据裁切区域和安全区域的大小来进行调整。我们使用图 2-32 中裁切区域和安全区的表现方式，来观察图 2-33 所示的图标大小调整的效果。可以看出，A 图标的大小比较合适，其主体部分都在安全区域内，裁切后不会影响整体效果；而 B 图标显然超出了安全区域的范围，在裁切后就会缺失一部分，造成图标的不完整，影响整体效果。

A　　　　　　　　　B

图 2-33　图标大小调整的效果

为了让图标呈现最优的效果，我们还要避免图 2-34 所示的几种情况。主体过小或者过大、主体模糊、重心偏移等都是不合适的，要根据安全区域的大小来调整图标主体所占的比例。调整后的预期效果如图 2-35 所示。

主体过小　　　　　　主体过大　　　　　　模糊　　　　　　重心偏移

图 2-34　避免出现的几种情况

图 2-35　调整后的预期效果

在设计制作图标的过程中，还有许多需要注意的细节及表现手法，获得这些经验最直接的途径就是进行大量的临摹与实践。

下面让我们一起来完成图标的计算机制作任务吧。

◻ **任务实施**

图标的计算机制作部分可以依据前期的手绘草图来进行。如果你的草图绘制得非常精细，你就可以将手绘草图扫描成图片或者拍下来，然后将图片或照片放到 Photoshop 中进行处理，如利用钢笔工具勾边、上色等，这样会节省很多时间。

我们以图 2-36 所示的"电话"图标为例，介绍一下制作过程。

图 2-36　"电话"图标

精讲视频

图标的计算机制作

① 打开 Photoshop，新建文件，文件的大小为 400 像素 ×400 像素，分辨率为 72 像素 / 英寸。

② 打开拍摄的"电话"图标的手绘草图照片，将其导入新建的文件中，如图 2-37 所示，计算机制图将在此基础上完成。

③ 使用钢笔工具对草图进行描边，并填充颜色（R: 255, G: 244, B: 92），如图 2-38 所示。

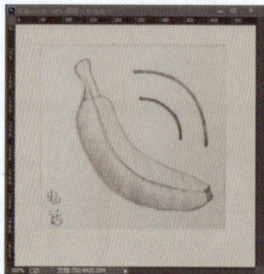

图 2-37　导入手绘草图照片

图 2-38　描边并填充颜色

④ 为了增强立体效果，我们可以添加"斜面和浮雕""内阴影"的图层样式。"斜面和浮雕"的高光、阴影颜色都选用与香蕉的颜色接近的浅黄色和深黄色，目的是不让效果太突兀。具体参数如图 2-39 所示，效果如图 2-40 所示。

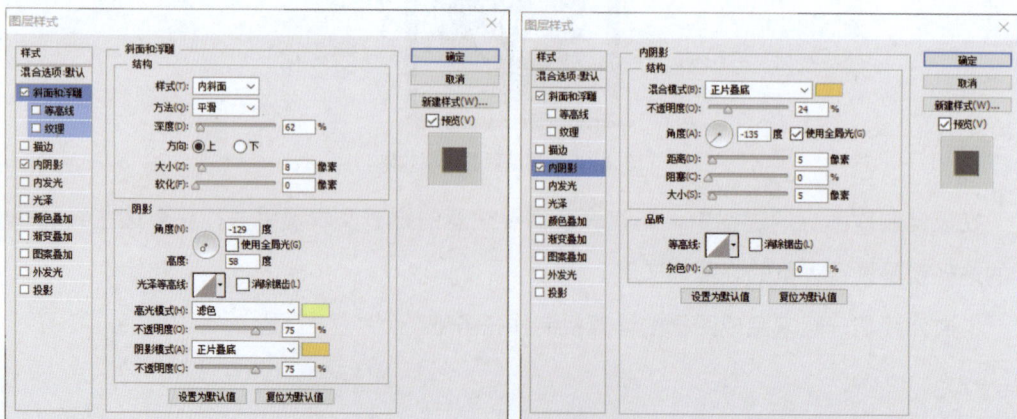

图 2-39　图层样式参数

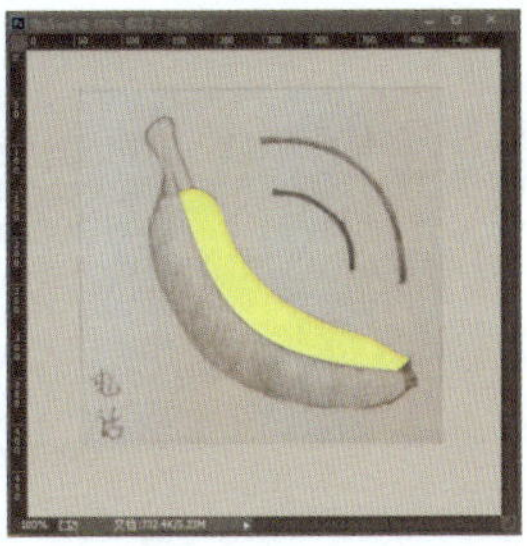

图 2-40　添加图层样式后的效果

⑤ 依照此方法，制作另一半香蕉的效果。因为另一半香蕉的方向和角度不同，所以可以适当调整"斜面和浮雕""内阴影"的参数，同时添加"投影"的图层样式，将投影的颜色设置为深黄色。具体参数如图 2-41 所示，制作效果如图 2-42 所示。

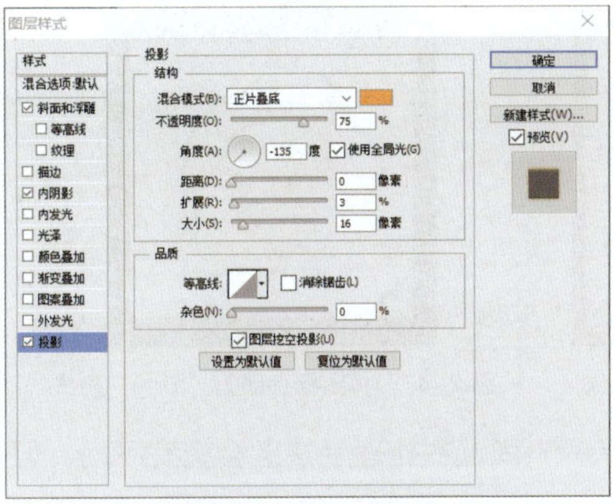

图 2-41　"投影"的图层样式参数

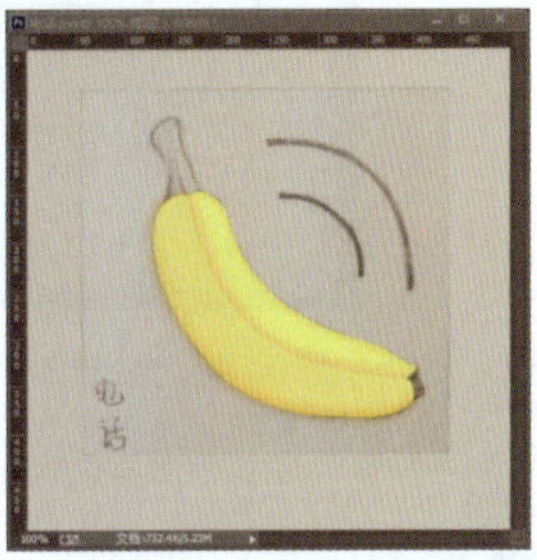

图 2-42　制作效果

⑥ 使用钢笔工具在香蕉的果柄处填充"黑色—黄色"的线性渐变效果，效果如图 2-43 所示。同时为了增强立体效果，我们也为其添加了"斜面和浮雕"的图层样式，具体参数如图 2-44 所示，果柄处效果如图 2-45 所示。

图 2-43　添加线性渐变效果

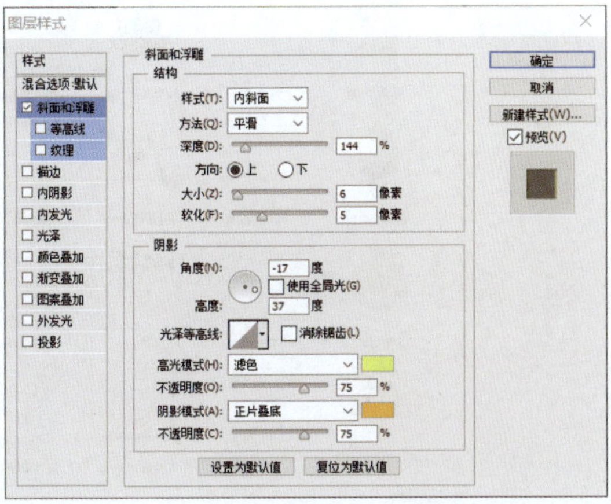

图 2-44　"斜面和浮雕"的图层样式参数

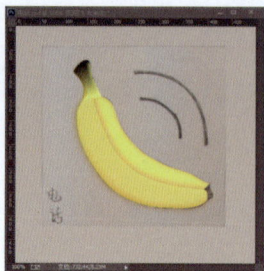

图 2-45　果柄处细节效果

⑦ 优化一下图 2-46 中标注部分的细节，即可完成该图标的制作。我们将手绘草图的图层隐藏，如图 2-47 所示。将图标另存为 ".png" 格式。为了方便以后修改，建议你再将图标存储为 ".psd" 格式。

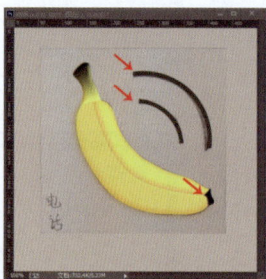

图 2-46　处理标注的部分

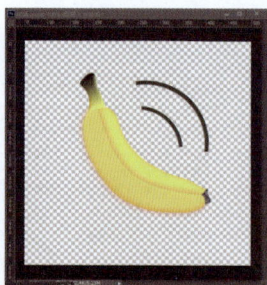

图 2-47　将图标存储为 ".png" 格式

在制作过程中，每个图标因其形状的不同，在处理手法上会稍有不同，但基本的制作方法是一致的。图 2-48 所示是用 Photoshop 制作的部分图标效果，你也可以自己用 Photoshop 来制作其他图标效果。

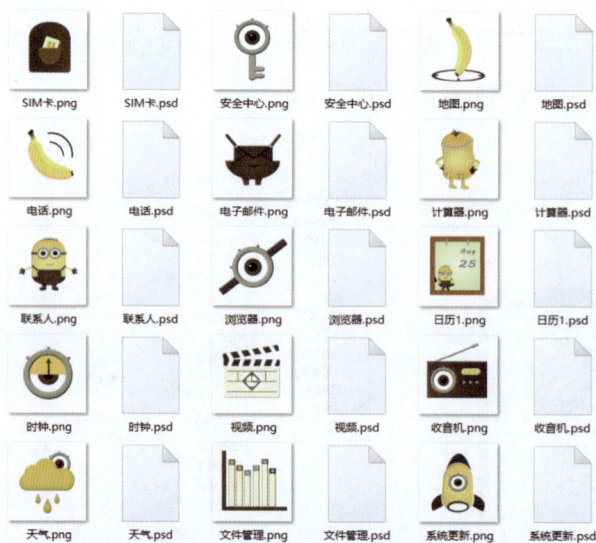

图 2-48　部分图标效果

2.7
任务 4　主题界面制作

完成图标的设计制作之后，依据不同移动操作系统的尺寸要求，我们可以设计与图标配套的主题界面效果图，这也是手机主题设计中需要完成的设计内容。那么，什么是手机主题呢？

¤ **知识储备**

手机主题决定移动操作系统的整体风格，它相当于一个程序包，如果更换主题，可能会同时更换图标、壁纸、锁屏、开关机动画等。在手机主题中，与图标配套的主题界面包括主界面、锁屏界面、解锁界面、短信界面、拨号界面等。图 2-49 所示是一套传统文化风格的主题界面，其整体风格、设计元素和选用的素材的风格都是与图标的设计风格相一致的。

扩展图库

主题界面

图 2-49　主题界面

□ **任务实施**

　　完成图标的制作之后，我们要制作与图标配套的主题界面，其中包括系统的主界面、锁屏界面、解锁界面、短信界面、联系人界面等。我们以 Andriod 系统的参数为例，介绍一下部分界面的制作过程。

1. 主界面制作

　　① 桌面壁纸尺寸为 1440 像素 ×1280 像素，分辨率为 72 像素 / 英寸。为了与图标风格保持一致，我们在制作桌面壁纸时，选用的设计元素也是与"小黄人"相关的，桌面壁纸如图 2–50 所示。

精讲视频

主题界面的制作

图 2–50　桌面壁纸

　　② 状态栏的高度为 30 像素，在状态栏中添加控件，包括时间、信号、电池量，如图 2–51 所示。

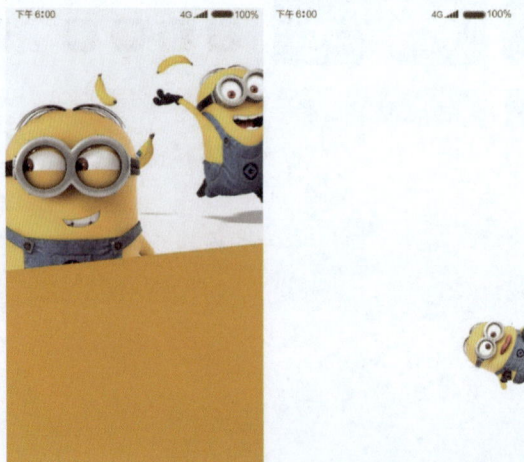

图 2–51　添加状态栏控件

③ 主界面上的图标大小为 136 像素 ×136 像素，每个图标下方都会有文字说明，文字的字体可以设置为方正兰亭黑体，文字的大小可以设置为 21 像素或 27 像素。为了使主界面标准化、规范化，建议使用参考线来使图标对齐，如图 2-52 所示。

图 2-52　用参考线对齐

2. 锁屏、解锁界面制作

锁屏界面的风格当然也要与图标的风格保持一致。结合图标的风格，在技术可行的前提下，设计一种新颖、有趣、合适的解锁方式，会吸引用户的注意。

在这里，我们结合整体的设计风格，设计了一种合理、有趣的解锁方式来引起用户的兴趣。我们将锁屏界面的大小设定为 720 像素 ×1280 像素，锁屏效果如图 2-53 所示。解锁方式是帮助"小黄人"把香蕉拿下来，即可顺利解锁，如图 2-54 所示。

精讲视频

解锁界面的制作

图 2-53　锁屏效果　　　　图 2-54　解锁方式

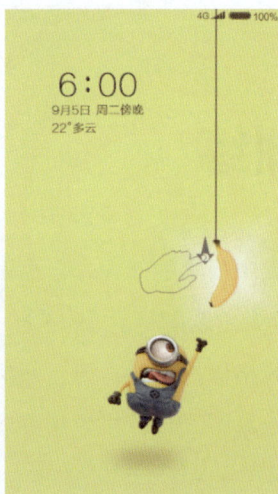

3. 其他界面制作

此外，我们还制作了通话界面、联系人详情界面、短信界面、短信详情界面、联系人界面、音乐锁屏等，如图 2-55 所示。这里只展示效果，界面制作的相关知识会在项目 3 中详细介绍。

图 2-55　其他界面

2.8
知识回顾

本项目详细介绍了主题图标设计的概念、原则、流程和规范，其中需要重点掌握的是图标设计的原则和流程。

通过任务分解，相信你已经很好地掌握了图标设计的方法和技巧。主题图标设计是移动端 UI 设计的重要工作任务之一，设计灵感不同，设计出的图标风格和视觉效果也不同。

2.9
拓展训练

请你运用在本项目中所学的知识，自己设计一组主题图标。设计要求如下。

（1）至少设计 24 个主题图标。

（2）图标的设计风格保持一致，符合图标设计的原则。

（3）完成图标手绘草图、计算机效果图以及主题界面的设计制作。

范例：

本范例的设计灵感来源于甜品，手绘草图及效果图如图 2-56 和图 2-57 所示。

图 2-56　手绘草图

图 2-57　效果图

2.10
案例欣赏

完成主题图标的设计后，我们可以对它进行包装和展示。包装没有定式，多数以瀑布流的形式呈现。包装整体的设计风格要与图标的风格保持一致，包装一般会按照图标展示、主题界面展示这样的顺序在瀑布流中从上向下进行设计。

我们选取了几款图标设计的包装案例进行展示，因篇幅限制，我们对瀑布流进行了裁切。每个案例中的左图是瀑布流的上半部分，右图是瀑布流的下半部分。

案例 1：“朝鲜族风情”图标设计

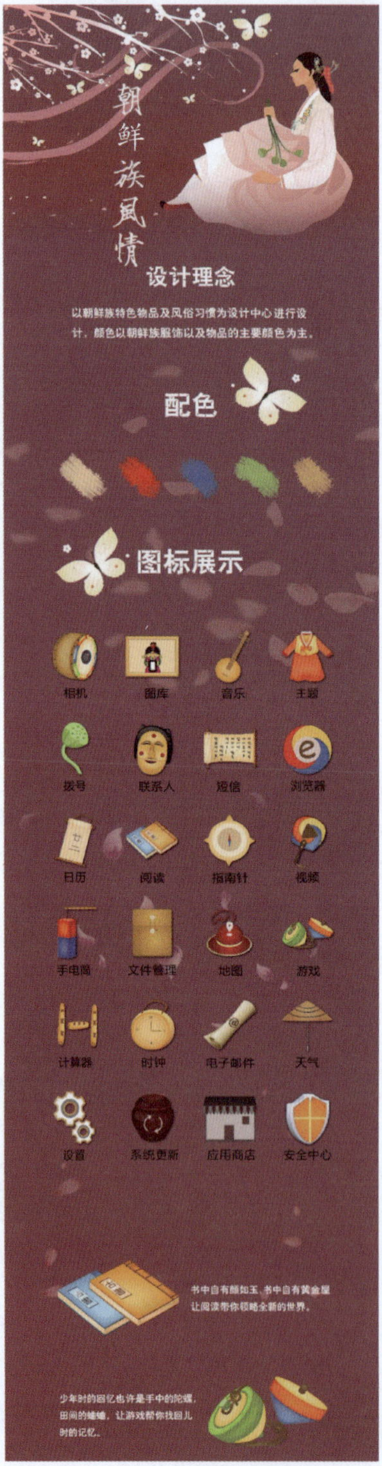

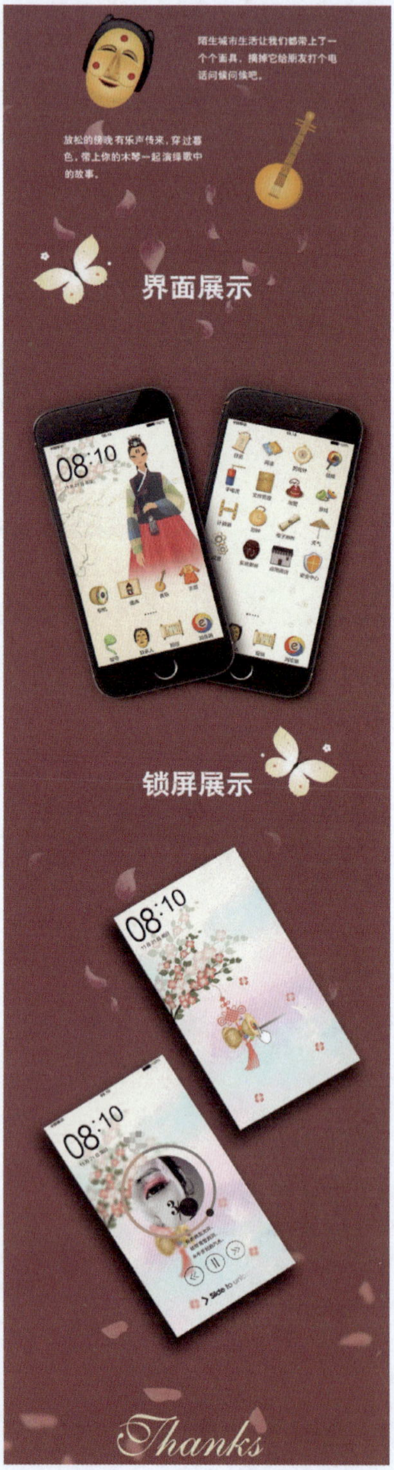

案例 2：“古韵”图标设计

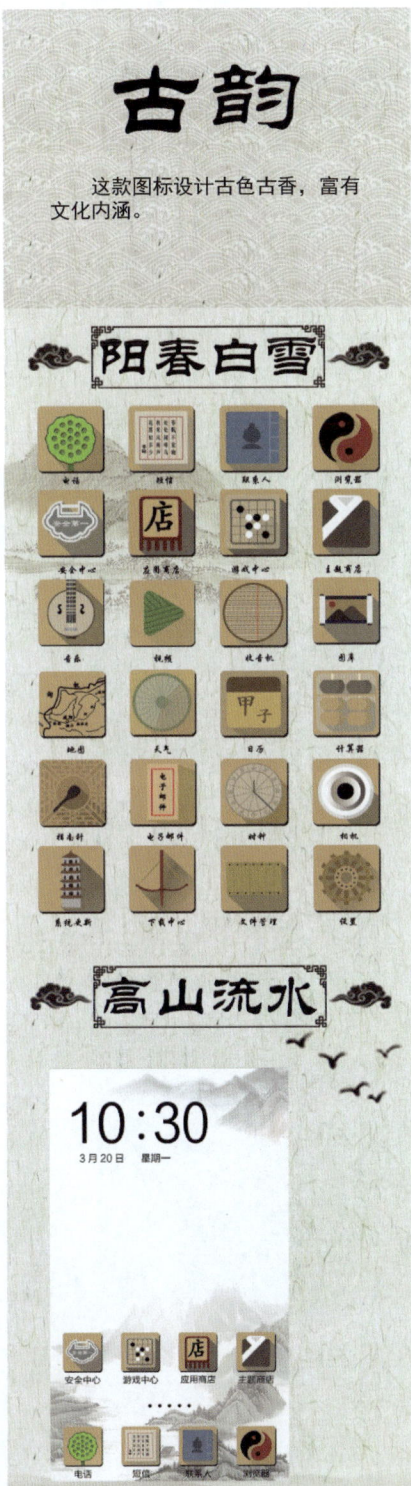

古韵

这款图标设计古色古香，富有文化内涵。

案例 3：“小白系列”图标设计

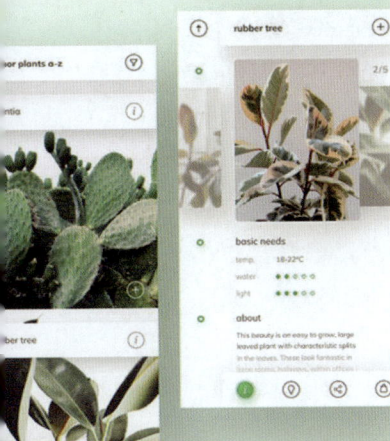

项目 3
界面设计

　　本项目要求对"智力题大考问"App 进行基于 iOS 系统的原创界面设计。那么，什么是界面设计？界面设计包括哪些内容？界面设计的要点有哪些呢？

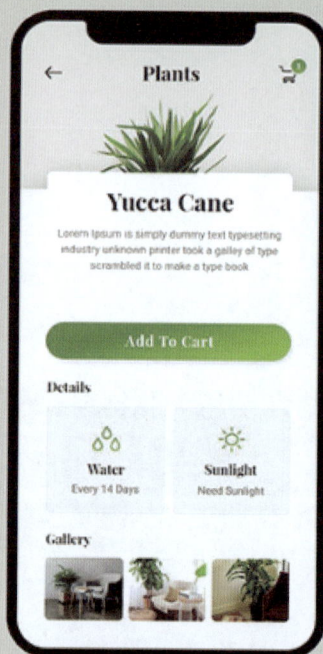

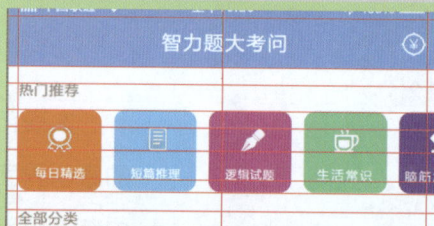

学习引导		
	知识目标	能力目标	素质目标
学习目标	了解界面设计的概念； 了解界面设计的内容及要点； 了解界面设计的系统规范； 掌握各种典型界面的设计方法	能够完成主界面、详情界面、弹窗界面的设计制作； 能够把握设计风格，熟练运用设计软件； 具备认真细致的工作态度，注重界面的细节表现	具有认真细致、踏实勤奋的工匠精神
实践课程	主界面设计； 详情界面设计； 弹窗界面设计		

3.1
什么是界面设计

　　界面是人与机器之间传递和交换信息的媒介，是人与机器互动的接口。例如，我们通过手机界面来浏览信息，通过在手机界面上点击、滑动、拖曳等来完成各种操作，所以，手机界面是我们与手机发生互动的媒介，如图 3-1 所示。

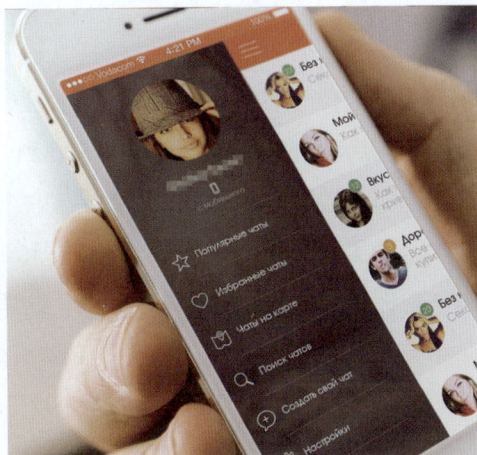

图 3-1　界面是人机交互的媒介

界面设计逐渐从软件设计中独立出来，并开始于软件设计之后。最初人们对界面的要求并不高，界面只要能够帮助人们完成想要的操作就可以了，所以并没有专职的界面设计人员。随着人们对界面的易用性、简洁性要求越来越高，界面设计的重要性才凸显出来。图 3-2 所示是搜狐网界面 10 年前后的对比效果，可以看出，简洁、美观、高效已经成为界面设计的主流趋势。随着信息技术与计算机技术的迅速发展，UI 设计和开发已成为计算机界和设计界较为热门的研究方向。

图 3-2 搜狐网界面 10 年前后的对比效果

3.2
界面设计的内容

本节主要研究手机 App 界面《用户在使用手机时所接触的界面》设计，主要包括启动图标和启动页设计、框架设计和控件设计。

扩展图库

启动图标和启动页

1. 启动图标和启动页设计

启动图标是手机 App 的入口，它位于手机解锁后的主界面上。如果需要启动 App，点击该图标即可。启动页是指从用户启动 App 到 App 主界面打开之前用户看到的过渡界面或动画。图 3-3 所示为启动图标和启动页。

启动图标将决定用户对 App 的第一印象，它是 App 的标志和门户，其重要性不言而喻。启动图标的设计原则和方法与前面讲到的图标设计是一致的，这里不再赘述。

启动页的作用是优化 App 启动时的用户体验。常见的启动页如图 3-4 所示，这些界面主要用来体现 App 的名称及价值，让用户迅速熟悉 App。

图 3-3　启动图标和启动页

图 3-4　常见的启动页

部分启动页并没有文字内容，如图 3-5 所示。有调查数据显示，App 的启动时间超过 3 秒，用户就会失去耐心，所以启动页停留的时间最好控制在 3 秒以内。

图 3-5　没有文字内容的启动页

并不是所有 App 的启动时间都能控制在 3 秒以内，这时我们可以使用其他方法来缓解用户在等待过程中产生的焦急情绪，比如添加状态提示信息，如图 3-6 所示。

图 3-6　添加状态提示信息

2. 框架设计

框架设计也称结构设计，是界面设计的骨架。框架是在用户研究和任务分析完成后，搭建的界面整体架构。

手机界面可以分为 4 个部分，即状态栏、标题栏、标签栏和内容区域，如图 3-7 所示。手机界面中的状态栏主要显示信号、电量、时间等信息，标题栏用于显示标题信息、返回或设置等按钮，标签栏用于显示选项信息。

图 3-7　手机界面的组成部分

手机界面中状态栏、标题栏、标签栏之外的区域就是内容区域。这里所说的框架主要是指内容区域的架构。

通俗地说，框架设计就是手机界面中的信息和元素如何摆放、大小如何设置、颜色如何搭配等。框架设计没有定式，但有一些常见的方式，相关内容在接下来的任务 1 中会有所阐述。

3. 控件设计

控件是指在框架设计中出现的各种元素，如按钮、菜单、对话框、列表、信号条、电池状态、标签、面板、滑块……这些都是控件，如图 3-8 所示，它们相对独立，并且可以重复使用。

扩展图库

控件设计

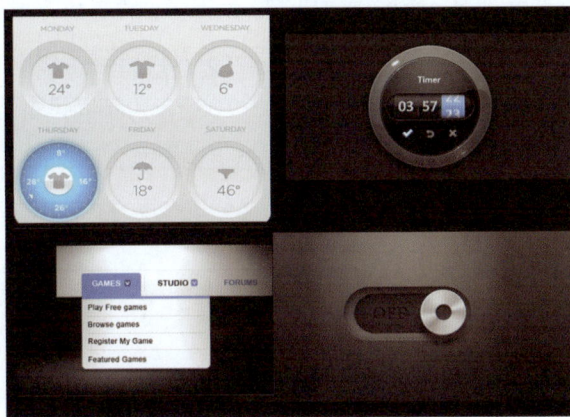

图 3-8　控件

实际上，在界面上出现的所有元素都可以称为控件。在完成框架设计，对界面的结构有所把握之后，我们要通过控件设计来填充框架，完成界面设计。

控件的效果主要取决于界面设计的规范和控件细节的表现。界面设计的规范主要是指适合手机和系统特性的合理的设计标准，包括控件的大小和间距、界面的布局等内容。控件细节的表现主要是指控件的颜色、特效、材质等的表现，可以通过 Photoshop 和 Illustrator 等制作软件来完成。

需要注意的是，控件设计看似简单，实则不然。为了使控件的效果更好，我们尤其要重视控件细节的表现。图 3-9 所示的两个按钮是使用 Photoshop 制作的，左侧的按钮只添加了"斜面和浮雕"的图层样式，右侧的按钮在此基础上，还添加了高光和阴影线，其质感立刻增强了，所以右侧的按钮效果在细节表现上要优于左侧的按钮效果。

图 3-9　添加高光和阴影线前后的对比效果

手机的界面空间有限，在有限的空间中要想使所有控件表现出最佳效果，每一个像素都是关键，所以需要细致、耐心地设计控件。

3.3 界面设计的要点

1. 适用性

在进行界面设计时，首先要关注目标平台，要清楚地知道适合该系统、设备的详细的规范文档，从中获得必要的目标平台信息，并充分利用每种系统、设备的优势特性，提高界面的适用性。

也就是说，进行界面设计时，要明确手机、平板电脑、计算机等设备的特性，要明确 iOS、Android、Windows 等不同系统的设计规范，即使是同一个 App，将其应用于不同系统、不同设备的时候，也应该做适度的调整，才能真正适用。图 3-10 所示为不同设备上的同一个 App 的界面，左侧为该 App 在手机上的界面，右侧为其在平板电脑上的界面。可以看出，同一个 App 在不同设备上布局一样并不合适，应该根据设备的不同，适当修改布局方式，以提高界面的适用性。

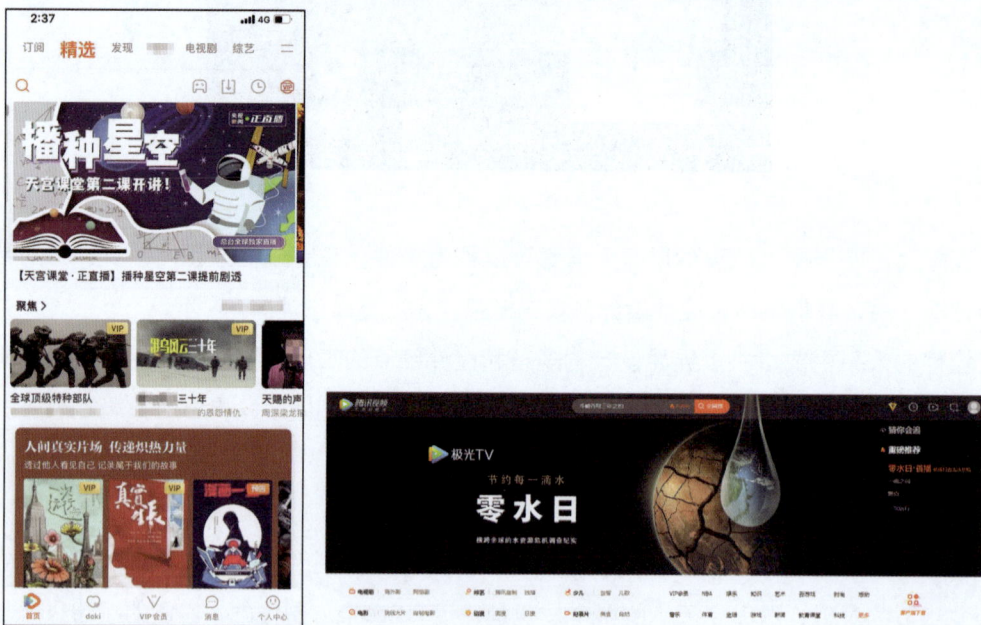

图 3-10　不同设备上的同一个 App 的界面

2. 易用性

界面是人与机器交互的接口，方便用户操作 App 才是界面设计的最终目的。所以，在界面设计中，易用性是非常重要的。

界面的易用性表现在很多方面，涉及界面的功能、信息、层级等。在进行界面设计时，我们要以满足用户的需求为目标，尽量减少用户访问信息时所要完成的步骤，避免嵌套过多的多级菜单，要减少不必要的功能，同时尽可能创建多种信息访问途径。理想的情况是用户不用查阅帮助就能知道该界面的功能并执行相关的正确操作。

图 3-11 所示的 Windows 系统界面就很好地体现了界面信息层级扁平化的原则，信息类型一目了然，界面易用性强。

图 3-11　Windows 系统界面

3. 友好性

在进行界面设计时，要预测用户可能出现的错误，并提供相应的机制尽可能避免错误，或者让用户在操作错误或感到迷惑时可以自己寻求解决方法。例如，界面中的文本信息应该通俗易懂，用词准确，避免使用有歧义的、不友好的字眼，这样既能避免用户出错，又能增强界面的友好性。

图 3-12 所示的某 App 的注册界面提供了友好的信息提示，使注册过程变得简单，用户出错率变低，提高了用户对该 App 的信任度、好感度。

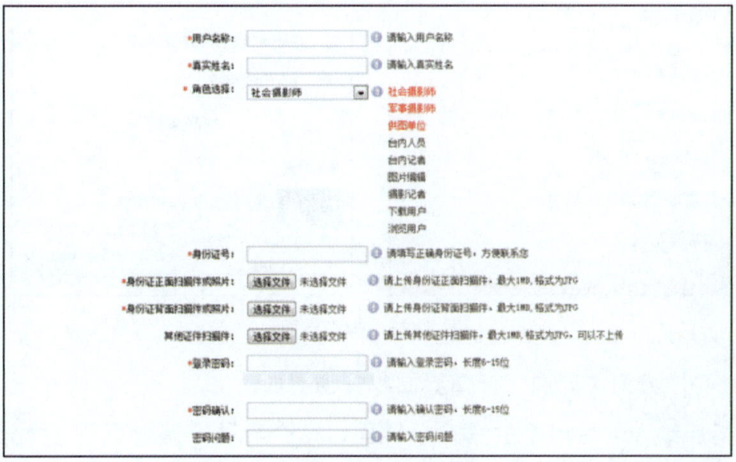

图 3-12　提供友好的信息提示

3.4

任务 1　主界面设计

我们首先进行主界面的设计制作。那么，什么是主界面呢？主界面有哪些常用的表现手法呢？主界面有哪些常见的布局方式呢？在设计制作主界面时需要遵循哪些规范呢？

▫ **知识储备**

3.4.1　什么是主界面

在一个 App 中，界面可以分为两类：一类是典型界面，即在 App 中经常出现的、有代表性的界面；另一类是特殊界面，即 App 中的启动、登录、注册界面等。

例如在 QQ 中，信息列表页、个人设置页就是典型界面，如图 3-13 所示；启动页、登录页就是特殊界面，如图 3-14 所示。

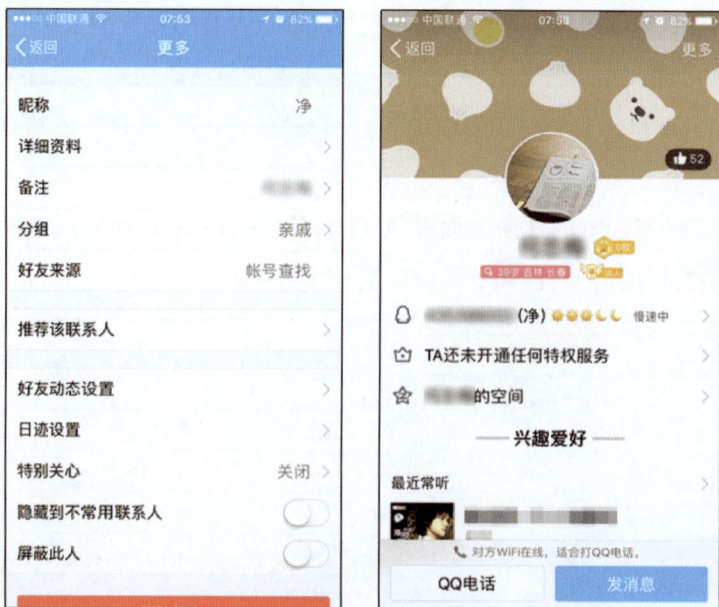

图 3-13　典型界面

典型界面还可以分为主界面、详情界面和弹窗界面。

主界面是指启动 App 后出现的第一个界面，这个界面一般会呈现该 App 的核心功能，如图 3-15 所示。

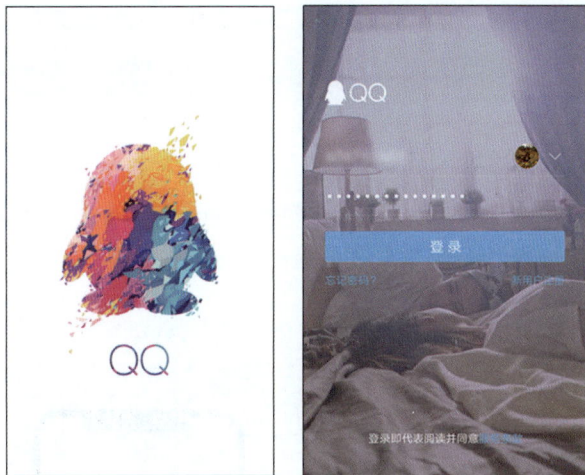

图 3-14　特殊界面

图 3-15　主界面

在主界面上，用户能够轻松找到该 App 的核心功能。用户下载一个手机安全防护类 App，打开主界面后，如果找不到杀毒、备份、清理内存等功能，所有这些核心功能都隐藏在菜单里，这就说明该 App 的界面设计存在问题，并且在很大程度上影响了用户体验。所以，在设计主界面时，我们最先做的应该是了解 App 的开发目的，了解用户需求，挖掘出 App 的核心功能后，再进行布局设计。

3.4.2　主界面的表现手法

在界面设计中，没有哪种风格是固定的，也没有哪种表现手法是万能的，但是有些常用的表现手法值得我们借鉴，这些表现手法可以帮助我们设计出美观的界面。

1．唯一主色调

所谓唯一主色调是指在一个界面中，只采用一种颜色，通过调整亮度和饱和度，同时配以黑色、白色和灰色来展现信息层次，绝不使用更多的颜色，其效果如图 3-16 所示。

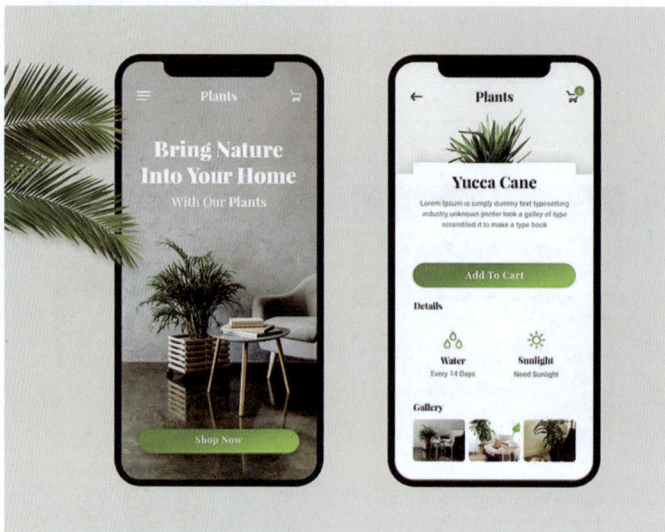

图 3-16　唯一主色调

唯一主色调的颜色一般会出现在界面的状态栏、标题栏、标签栏或其他重要区域。这种表现手法比较常见，也比较容易掌握，对于初学者来说，这是个不错的选择。

在目前比较热门的 App 中，唯一主色调的使用比较普遍，相关颜色甚至已经成为对应 App 的代表色，比如 QQ 的蓝色、唯品会的洋红色、网易新闻的红色等。

2．多彩色

多彩色是指不同界面、不同信息组块采用多彩色撞色，或同一个界面的局部采用多彩色，效果如图 3-17 所示。

多彩色界面的设计比唯一主色调界面的设计难得多，它要求使用多种颜色搭建界面，所以涉及颜色的搭配问题。很多初学设计的人经常困惑于颜色该怎么搭配。

其实颜色的搭配方式主要取决于你想表现的风格和想要营造的意境。关于颜色的搭配有很多可参考的理论知识，如邻近色、对比色、暖色调、冷色调等。但是这些理论知识也需要灵活运用，如红色和绿色一直都被认为是两种互相冲突的颜色，但是如果我们改变这两种颜色的纯度和饱和度，或者改变它们所占的面积比例，就会取得意想不到的设计效果。

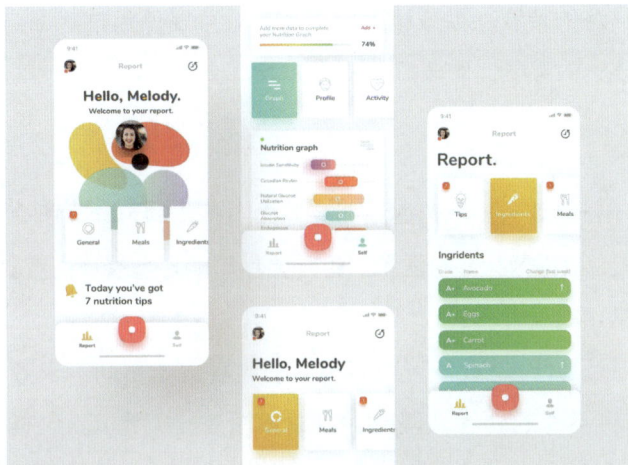

图 3-17　多彩色

颜色的搭配需要依靠积累的经验与长时间的实践，如果颜色运用得当，多彩色界面会非常美观。

扩展图库
数据可视化界面

3. 数据的可视化

现在，越来越多的 App 在数据的呈现方式上开始尝试数据的可视化，如图 3-18 所示，以使枯燥的数据和文字变得直观，优化用户体验。

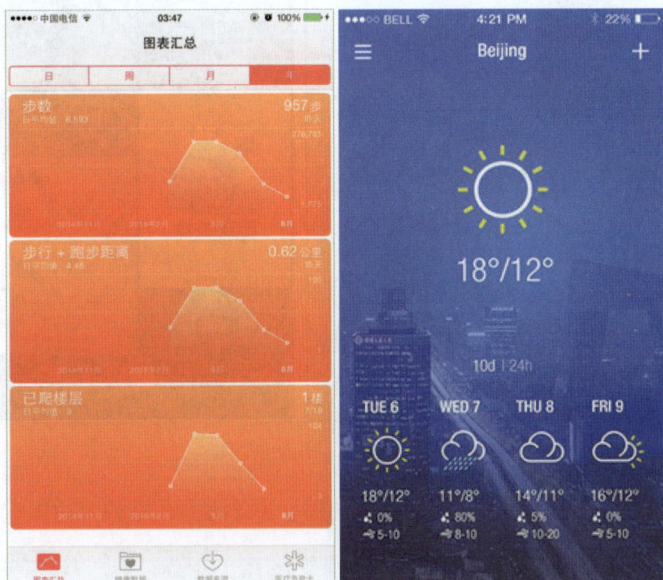

图 3-18　数据的可视化

值得注意的是，数据的可视化只是用来辅助界面设计的，不能单纯地为了追求数据的可视化，而使用大量的图表，却忽视了这些图表是否有价值，或者说是否能够准确传达你将要呈现给用户的信息。比如，要表现某一季度的降水量或某一个月的跑步数据，可以使用曲线图；要表现信息的转载次数或比赛的进球数，可以使用柱状图。如果要传达非常重要的信息，文字的表达效果要比图表好。

4. 内容至上

在扁平化设计流行的今天，我们逐渐摒弃界面中多余的元素，所有不相干的线条、阴影、纹理效果都被去除，也是要尽可能多地展现内容。下面介绍两种比较常用的表现形式。

（1）在进行界面设计时，我们可以将不同的内容置于不同的卡片上，同时使用空白将不同的内容块隔开，效果如图 3-19 所示。这样的设计使得各部分内容一目了然，没有多余的元素影响视觉效果，界面简洁。

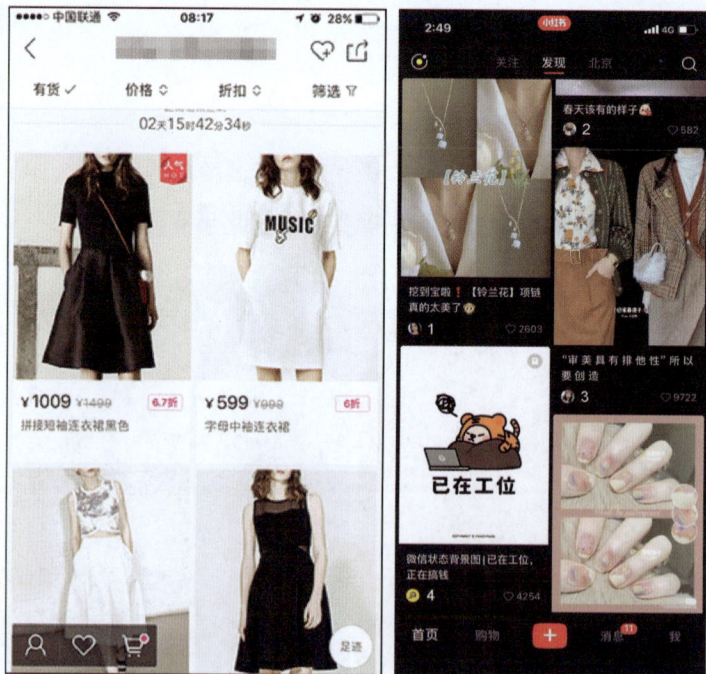

扩展图库

内容至上的界面

图 3-19　卡片化

（2）另一种表现形式是直接将卡片也去掉，只保留图片和文字，效果如图 3-20 所示。这样的设计是为了突出内容，放大图片和文字，优化用户的视觉体验，提高界面的易用性。

图 3-20　内容为"王"

5. 大视野背景图

这种表现手法是用图片作为界面的背景，这样可以渲染氛围，丰富情感元素，效果如图 3-21 所示。大视野背景图对字体和排版设计的要求比较高，其制作难度也比较大。所用的大视野背景图不能喧宾夺主，影响界面内容的清晰度。

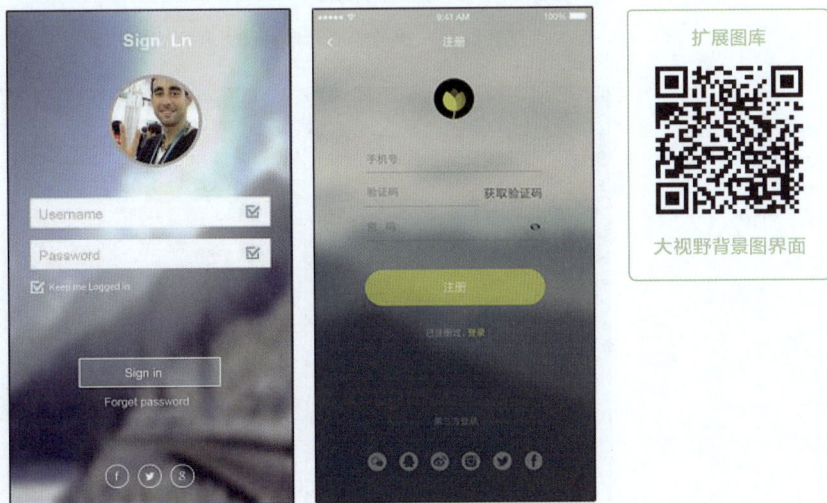

图 3-21　大视野背景图

使用大视野背景图最简单的方法是将背景图做模糊处理，这样可以使大视野背景图起到很好的衬托作用。

3.4.3 主界面的布局方式

主界面的布局方式有很多，下面介绍几种常见的布局方式。

1. 九宫格式

这种布局方式是把界面进行横向和纵向 3 等分，如图 3-22 所示。在九宫格式主界面中，所有的核心功能井然有序、间隔合理、非常清晰，用户能够快速查看和选择，视觉效果稳定。最早的九宫格是指横向和纵向各 3 个格子，但是慢慢地这种布局方式发生了改变，不再绝对地控制格子的数量。如果 App 的功能少于或多于 9 种，也可以改变格子的数目，让布局更加合理，如图 3-23 所示。

图 3-22　九宫格式示意图及九宫格式主界面

图 3-23　九宫格变形

2. 列表式

这种布局方式是将信息以竖排列表的形式进行呈现，如图 3-24 所示。列表可以展示比较多的信息，而且其视觉效果整齐美观，视觉动线从上向下，浏览体验快捷，用户接受度很高。这种布局常用于并列元素的展示，例如目录等。

图 3-24　列表式示意图及列表式主界面

3. 手风琴式

这种布局方式表面上和列表式很相似，但是它可展开显示二级内容，不需要的时候，这些内容可以隐藏，如图 3-25 所示。它的优势在于能够在一个界面内显示更多细节，无须进行界面的跳转，既能保持界面简洁又能提高操作效率。

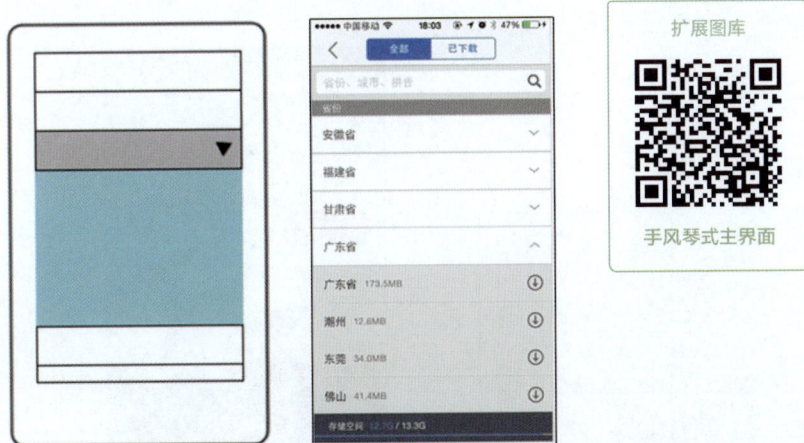

图 3-25　手风琴式示意图及手风琴式主界面

细心的读者会发现，手风琴式和列表式在符号表示上是有所区别的。如果有二级内容，则右侧的符号通常是向下的箭头；如果要发生界面跳转，则右侧的符号通常是向右的箭头。

当然，这只是常用的表现形式，在一些界面中，你也会看到图 3-26 所示的手风琴式主界面。

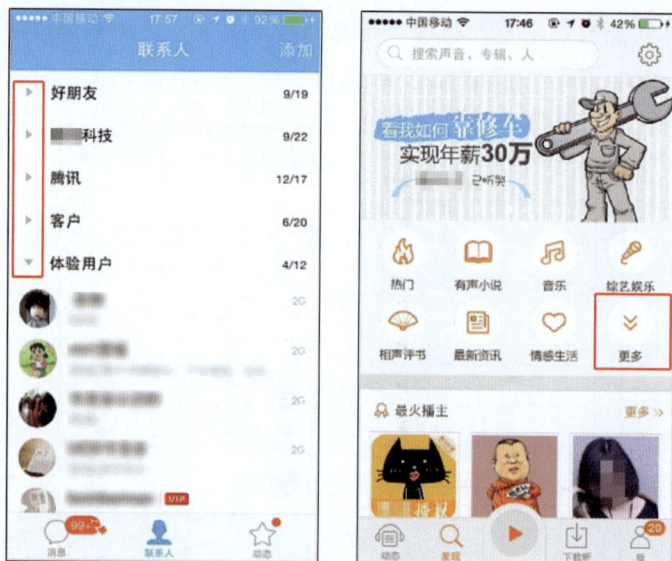

图 3-26　手风琴式主界面

4. 侧滑式

这种布局方式是将部分内容先隐藏在界面边缘，需要时再展开，如图 3-27 所示。它的优势是不占用宝贵的屏幕空间，和原界面融合得较好，让用户聚焦于内容，在交互体验上更加自然。侧滑式主界面如图 3-28 所示。

扩展图库

侧滑式主界面

图 3-27　侧滑式示意图

图 3-28　侧滑式主界面

5. 混合式

这种布局方式利用了格式塔原理中的相似法则，按照形状进行分组。图 3-29 所示为混合式示意图及混合式主界面。它的优势在于形式多样，常用于种类较多、管理起来较为困难的界面。

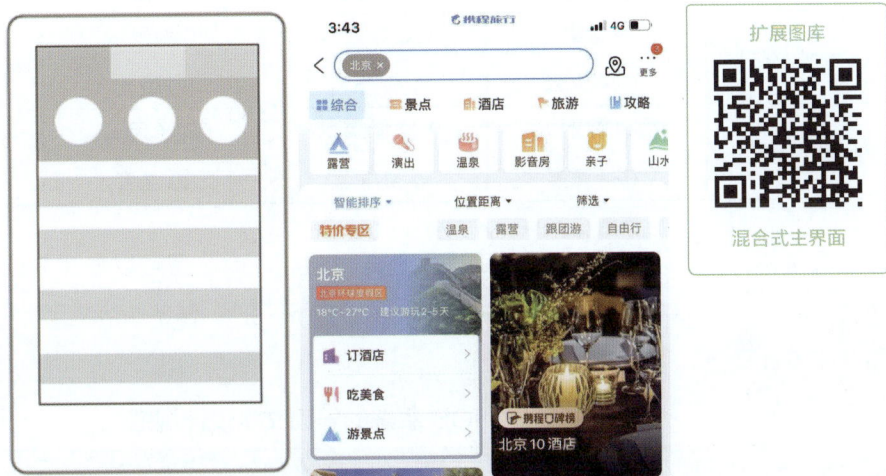

图 3-29　混合式示意图及混合式主界面

和图标一样，iOS 系统和 Android 系统的界面设计规范也是有区别的，我们要依据移动操作系统的特性来进行界面设计。

3.4.4　不同系统的界面设计规范

1. iOS 系统的界面设计规范

界面设计规范主要规定了界面的状态栏、标题栏、标签栏、图标、字体、字号等视觉元素的相关参数。表 3-1 列出了 iOS 系统界面设计的参数规范。

表 3-1　iOS 系统界面设计的参数规范

适用机型	分辨率	状态栏高度	标题栏高度	标签栏高度
iPhone 12	2532 像素 ×1170 像素	132 像素	132 像素	147 像素
iPhone X/11	1125 像素 ×2436 像素	132 像素	132 像素	147 像素
iPhone 6/7/8	750 像素 ×1334 像素	40 像素	88 像素	98 像素

界面中的一些图标可以辅助用户选择，也可以使界面更美观。表 3-2 列出了 iOS 系统

界面设计中常见的图标尺寸。

表 3-2　iOS 系统的界面图标设计规范

适用机型	App Store	主屏幕	标签栏	导航栏和工具栏
iPhone12	1024 像素 × 1024 像素	180 像素 × 180 像素	120 像素 × 120 像素	75 像素 × 75 像素
iPhoneX/11	1024 像素 × 1024 像素	120 像素 × 120 像素	80 像素 × 80 像素	50 像素 × 50 像素
iPhone 6/7/8	1024 像素 × 1024 像素	120 像素 × 120 像素	50 像素 × 50 像素	44 像素 × 44 像素

在字体方面，iOS 系统常用的中文字体是苹方（平时练习可以使用微软雅黑），英文字体是 San Francisco。不同位置的文字在字号上有所区别。表 3-3 列出了 iPhone 6/7/8 的界面文字设计规范。

表 3-3　iOS 系统的界面文字设计规范

标题栏	标签栏	正文	列表、表单等
34 像素 ~ 42 像素	20 像素 ~ 24 像素	28 像素 ~ 36 像素	32 像素 ~ 34 像素

2. Android 系统的界面设计规范

前文曾提到过，使用 Android 系统的设备众多，屏幕的参数多样化，因此在设计图标时需要考虑不同设备的屏幕尺寸和密度的差异。界面设计也是如此，设备的屏幕尺寸和密度不同，状态栏、标题栏、标签栏、图标大小、字号等视觉元素就会有所区别。

表 3-4 提供了界面中部分视觉元素的通用参数。在实际应用中，最好根据屏幕尺寸的不同设计 3~4 个布局方案，根据屏幕密度的不同提供不同分辨率的图片。

表 3-4　Android 系统的界面通用参数

高度			图标		
状态栏	标题栏	标签栏	标签栏图标	工具图标	小图标
36 像素	64 像素	74 像素	32 像素 ×32 像素	48 像素 ×48 像素	16 像素 ×16 像素

3.4.5　通用的设计制作规范

通用的设计制作规范就是所有系统的界面设计都需遵守的关于颜色、布局、图形样式等视觉元素的设计制作规范。这些视觉元素的设计制作没有特定的限制，我们关注的是如何使界面更美观，与竞品拉开差距。

1. 颜色

颜色搭配在界面设计中非常重要，如果能够熟练运用各种颜色，会让设计事半功倍。移动端 App 的界面设计中的颜色主要包括主题层、辅助层、阅读层和提醒层的颜色。

主题层颜色决定了界面的风格，这种颜色一般不会大面积使用，主要用在状态栏、标题栏、标签栏等区域，效果如图 3-30 所示。

图 3-30　主题层颜色

不同的颜色给用户的视觉感受是不同的，例如冷色调会给用户平静、理智的感觉，暖色调会给用户热情、有活力的感觉。图 3-31 所示为冷暖色调的对比效果。

图 3-31　冷暖色调的对比效果

辅助层颜色是对主题层颜色的补充，一般选用不会与主题层颜色发生冲突的颜色，如邻近色、延伸色、协调的互补色等，效果如图 3-32 所示。

图 3-32　辅助层颜色

阅读层颜色要确保视觉效果清晰，内容层级清楚，所以灰色是比较适合用来体现该特性的颜色。灰色的对比要兼顾视觉的舒适感和层级的清晰度，不要过于强烈，明度也不要过于接近，效果如图 3-33 所示。

图 3-33　阅读层颜色

提醒层应当快速引起用户的注意，所以一般会使用纯度较高的颜色，但也要根据界面的整体配色选择颜色，使界面中颜色搭配合理，以免引起用户的不适感。图 3-34 所示为提醒层颜色效果。

图 3-34　提醒层颜色

对于初学者来说，颜色搭配确实是一个难题。由于篇幅有限，这里就不介绍更多的理论知识了。建议大家多阅读一些专业书籍，并将理论应用于实践，不断模仿、总结效果较好的颜色搭配方式。

2. 布局

　　界面的布局方式主要包括元素的对齐、分布方式。我们在设计界面时，往往需要借助参考线，以保证相同元素对齐，各元素间的距离合理，图 3-35 所示为元素对齐的效果。

图 3-35　元素对齐的效果

扩展图库
界面的布局规范

　　此外，我们还需要考虑控件的分布。例如，在图 3-36 中，我们在放置标题栏左侧的小图标时，应使其与标题栏上、左、下边缘之间的距离保持一致，这样才会让布局规范化、合理化。

　　在图 3-37 中，标签栏中的相邻图标的间距应相等，这样才会让布局协调，视觉效果更好。

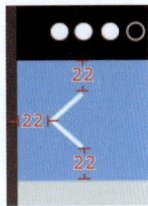

图 3-36　标题栏图标布局

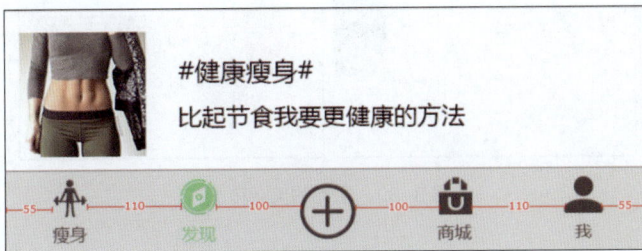

图 3-37　标签栏图标布局

3. 图形样式

　　界面设计涉及的图形主要有图标、头像的形状等。这里所说的图标是功能图标，即在 App 界面中出现的图标，其设计理念与主题图标稍有不同，主要强调简洁、一致性和易识别性。功能图标如图 3-38 所示。

图 3-38　功能图标

同一个 App 中的图标风格应该是统一的，也就是说，它们的透视角度、表现形式、附加元素等应该保持一致，不需要刻画太多的细节，只需提炼出最易识别的部分构成图标的形状。这些图标除了能够浓缩文字信息外，还能起到美化界面的作用，是界面设计中不可缺少的一部分。图 3-39 所示为图标的美化效果。

图 3-39　图标的美化效果

▢ 任务实施

本节任务是设计"智力题大考问"App 的主界面。该 App 属于休闲益智类，娱乐性较强。我们将主题层的颜色设置为界面设计中常用的蓝色，这种颜色可以使用户觉得产品值得信赖，也会给用户冷静、智慧的感觉。图 3-40 所示为主题层、辅助层、提醒层的颜色信息。阅读层使用灰度色，字体为微软雅黑。

主题层：

#17a7fe

辅助层：

#e47d2b　#6b2be4　#39d59b　#e42bcb　#2bb8e5

提醒层：

#fc172a

图 3-40　界面颜色信息

　　主界面的设计布局是对智力题进行分类，以方便用户查看和选择，所以采用混合式的布局方式，具体步骤如下。

精讲视频

主界面的制作

　　① 打开 Photoshop，新建文件，将文件的宽度设为 750 像素，高度设为 1334 像素，分辨率设为 72 像素 / 英寸（1 英寸 =2.54 厘米）。

　　② 在制作之前，参照 iOS 系统的界面设计规范，用参考线对画布进行分割。状态栏的高度为 40 像素，标题栏的高度为 88 像素，标签栏的高度为 98 像素，左右各留出 18 像素的边距，如图 3-41 所示。

　　③ 使用矩形工具绘制状态栏、标题栏，填充主题层颜色（R：23，G：167，B：254），如图 3-42 所示。虽然两处的颜色一致，但为了方便后期对齐控件，建议分别绘制和填充颜色。

图 3-41　分割画布　　　　图 3-42　填充颜色

　　④ 参考 iPhone 的状态栏，绘制状态栏处的控件，如信号条、时间、电量等，如图 3-43 所示。在绘制过程中，要注意各控件的位置。

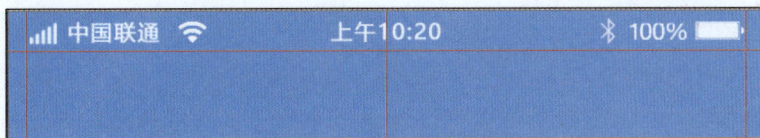

.ill 中国联通 🛜　　　　　上午10:20　　　　　　 * 100% ▭

图 3-43　绘制状态栏处的控件

　　⑤ 在"首选项"对话框中选择"单位与标尺"，将文字单位修改为"像素"，如图 3-44 所示。

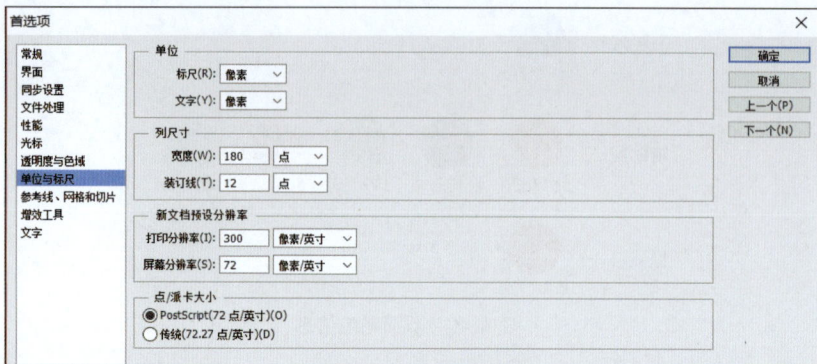

图 3-44　修改文字单位

⑥ 制作标题栏处的文字和控件，如图 3-45 所示。文字大小为 34 像素，在标题栏中水平、垂直居中显示。右侧的图标大小为 44 像素 ×44 像素，注意其与标题栏上、右、下边缘之间的距离要保持一致。

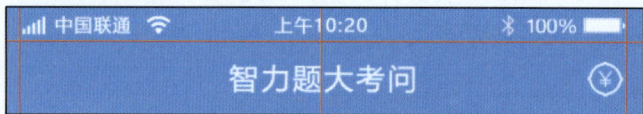

图 3-45　制作标题栏处的文字和控件

⑦ 使用矩形选框工具绘制标签栏处的形状，填充浅灰色（R: 248，G: 248，B: 248），为其设置描边的图层样式，将描边宽度设为 1 像素，填充灰色（R: 134，G: 134，B: 134）。

⑧ 我们设计 3 个标签，分别为"首页""发现""我"，并为每个标签设计一个小图标，如图 3-46 所示。图标大小为 50 像素 ×50 像素，文字大小为 20 像素。（需要注意的是，3 个标签要将标签栏 3 等分，才会让视觉效果达到最佳。同时，首页标签的颜色要与主题层颜色一致，表明首页为当前界面。）

图 3-46　设计标签

⑨ 制作界面的内容区域部分。使用参考线将内容区域分割为"热门推荐"和"全部分类"两部分，如图 3-47 所示。文字大小为 24 像素，颜色为灰色（R: 134，G: 134，B: 134）。

⑩ 使用圆角矩形工具绘制大小为 144 像素 ×144 像素、圆角半径为 20 像素的圆角矩形，制作图 3-48 所示的"热门推荐"部分。为每种题型设计一个小图标并添加文字内容，文字大小为 20 像素。（如果题型较多，可以让最后一个圆角矩形显示一半，表示可以向左

滑动继续查看该处内容。）

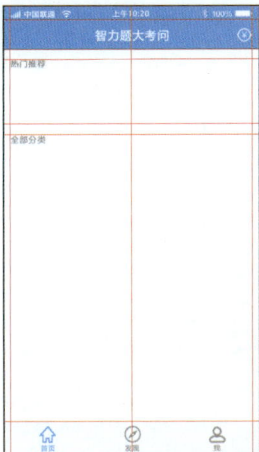

图 3-47 分割内容区域

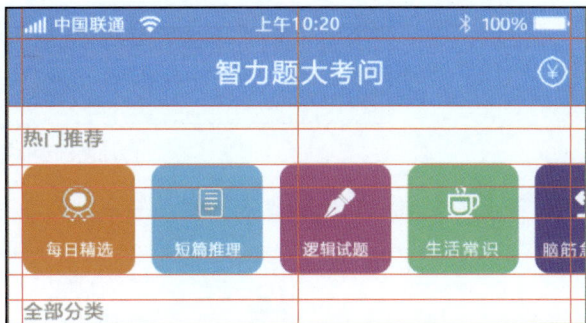

图 3-48 热门推荐

⑪ 制作"全部分类"部分，这里我们使用列表式的界面布局方式。使用圆角矩形工具绘制列表，其高度为 120 像素，圆角半径为 10 像素，填充浅灰色（R: 248，G: 248，B: 248）；为列表设置描边的图层样式，描边宽度为 1 像素，填充灰色（R: 134，G: 134，B: 134），如图 3-49 所示。

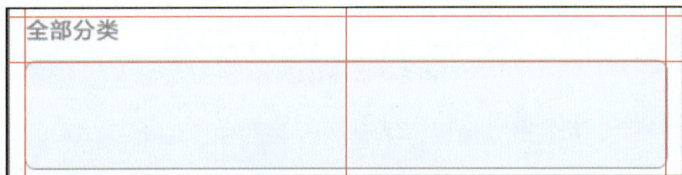

图 3-49 绘制列表

⑫ 将这个列表按照同样的间距向下复制，直到标签栏处。为了显示下方还有更多的列表，我们将最后一个列表制作成只显示一部分的效果，如图 3-50 所示。

图 3-50 复制列表

⑬ 根据题型在列表上添加图标和文字，如图 3-51 所示。左侧图标大小为 50 像素 ×50 像素，文字大小为 32 像素，填充灰色（R：134，G：134，B：134）。在列表右侧添加向右的三角符号，表示点击该列表可以进行界面的跳转。

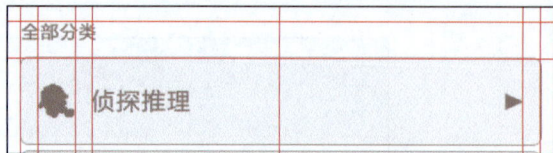

图 3-51　添加图标和文字

⑭ 按照此方法完成其他列表的制作，部分列表如图 3-52 所示。

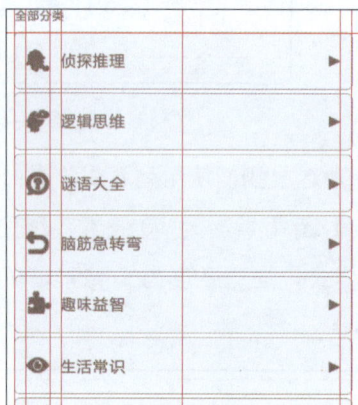

图 3-52　部分列表

⑮ 在标签栏中添加两个提醒标记，填充提醒层颜色（R：254，G：23，B：42）。主界面制作完成，最终效果如图 3-53 所示。

图 3-53　主界面的最终效果

3.5

任务 2 详情界面设计

接下来，我们进行详情界面的设计。那么，什么是详情界面呢？它的布局方式有哪些呢？在设计详情界面时需要注意什么呢？

▫ **知识储备**

3.5.1 什么是详情界面

详情界面是指除了主界面以外的承载信息的界面。根据功能的不同，详情界面主要分为查看界面和编辑界面。其中，查看界面是指用来浏览、查看信息的界面，如图 3-54 所示；编辑界面是指用来编辑、修改信息的界面，如图 3-55 所示。

图 3-54 查看界面   图 3-55 编辑界面

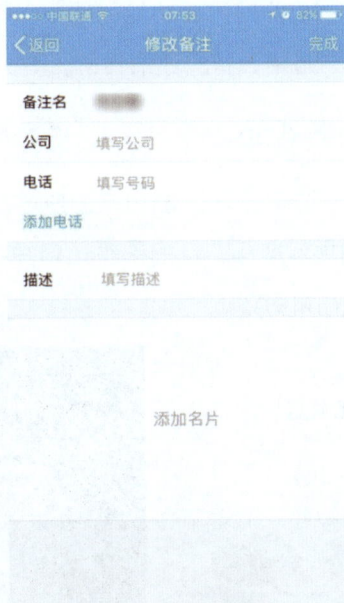

除了主界面、特殊的登录与注册界面、弹窗界面，其他界面应该都属于详情界面。详情界面的布局可以参考主界面的布局，也就是说，前面介绍的布局方式并不是主界面所特有的，它们也适用于功能相似的详情界面。图 3-56 所示的两个详情界面分别采用了九宫格式布局和列表式布局，但是它们并不是 App 启动后出现的第一个界面，所以它们不是主界面，而是详情界面。

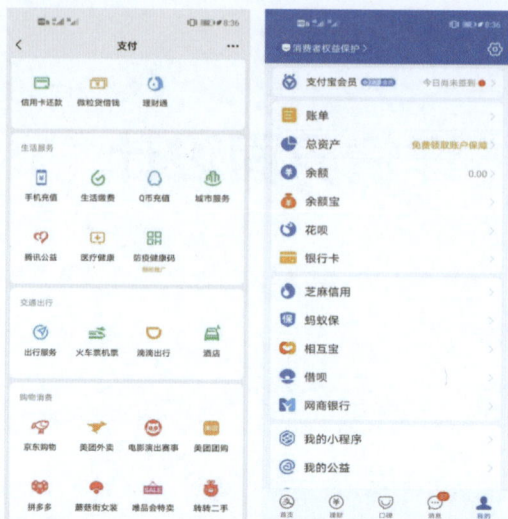

图 3-56　详情界面布局

3.5.2　详情界面分析

我们可根据用户对界面功能的需求，在确保界面框架符合界面设计规范的情况下，设计出形式多样、风格独特的详情界面。下面我们来分析几类常见的 App 中的详情界面。

1. 购物类 App

这类 App 的查看界面主要用来浏览商品，有的以图片列表的形式展示商品，有的以内容至上的大图展示商品，目的都是让用户的目光聚焦于商品，激发其购买欲望。这类 App 的查看界面往往如图 3-57 所示。

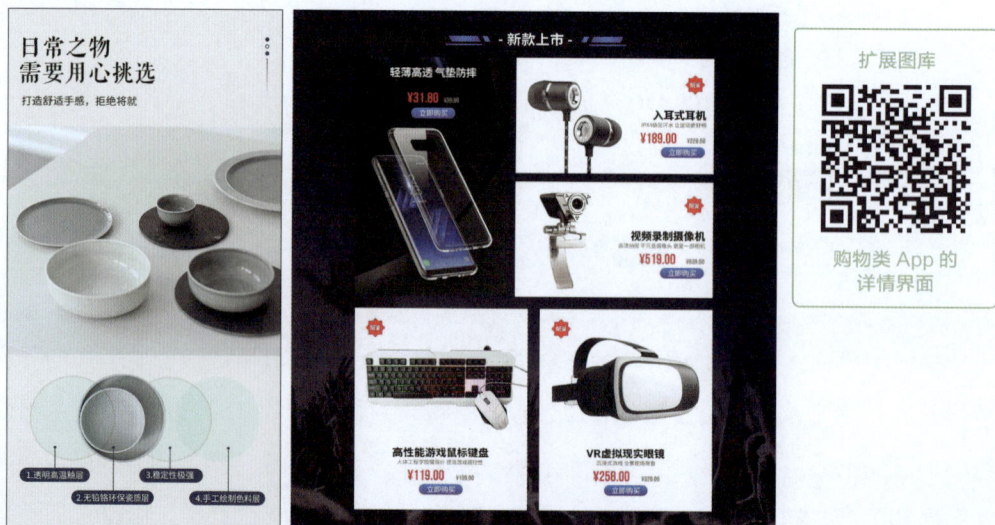

图 3-57　购物类 App 的查看界面

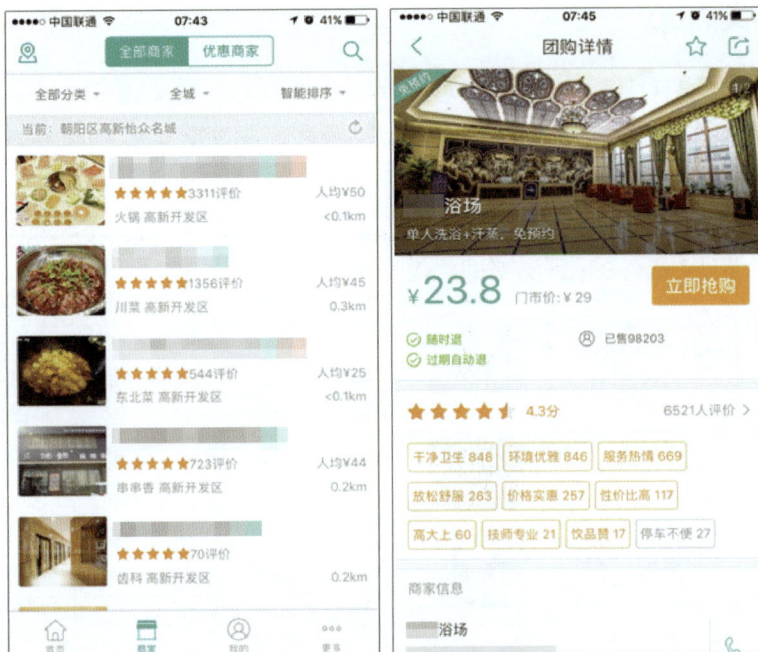

图 3-57　购物类 App 的查看界面（续）

　　购物类 App 的编辑界面一般包括个人信息编辑、购买参数设置、购物评价等界面，如图 3-58 所示。设计时注意确保界面简洁、操作简单，为用户带来方便、快捷的使用体验。

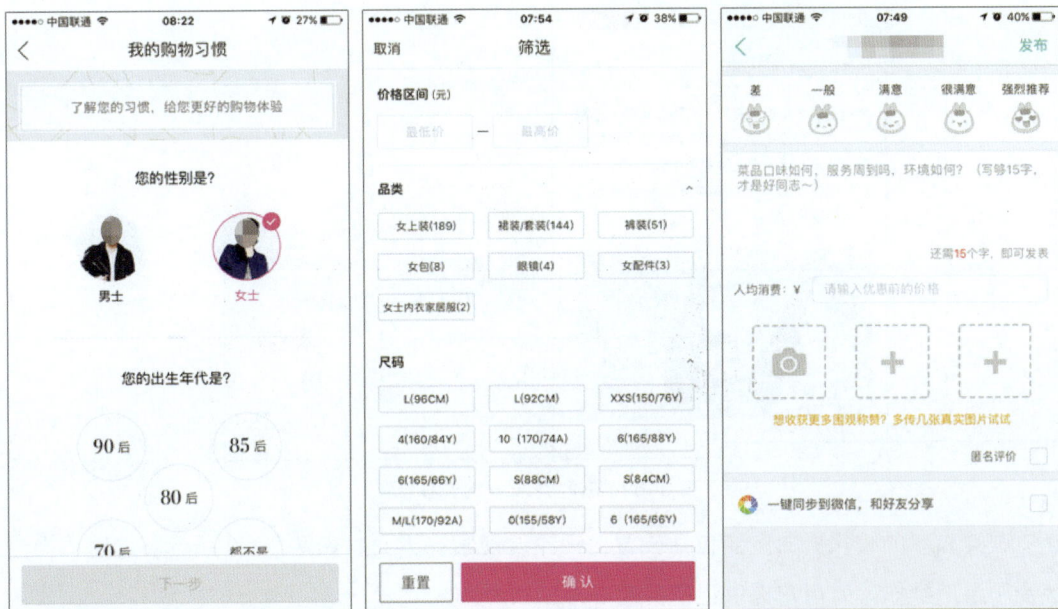

图 3-58　购物类 App 的编辑界面

2. 新闻类 App

这类 App 的查看界面主要用来浏览信息、查看栏目、阅读详情，所以要便于用户浏览和阅读。这类 App 的查看界面适合采用列表式、图文混排的布局方式，如图 3-59 所示。

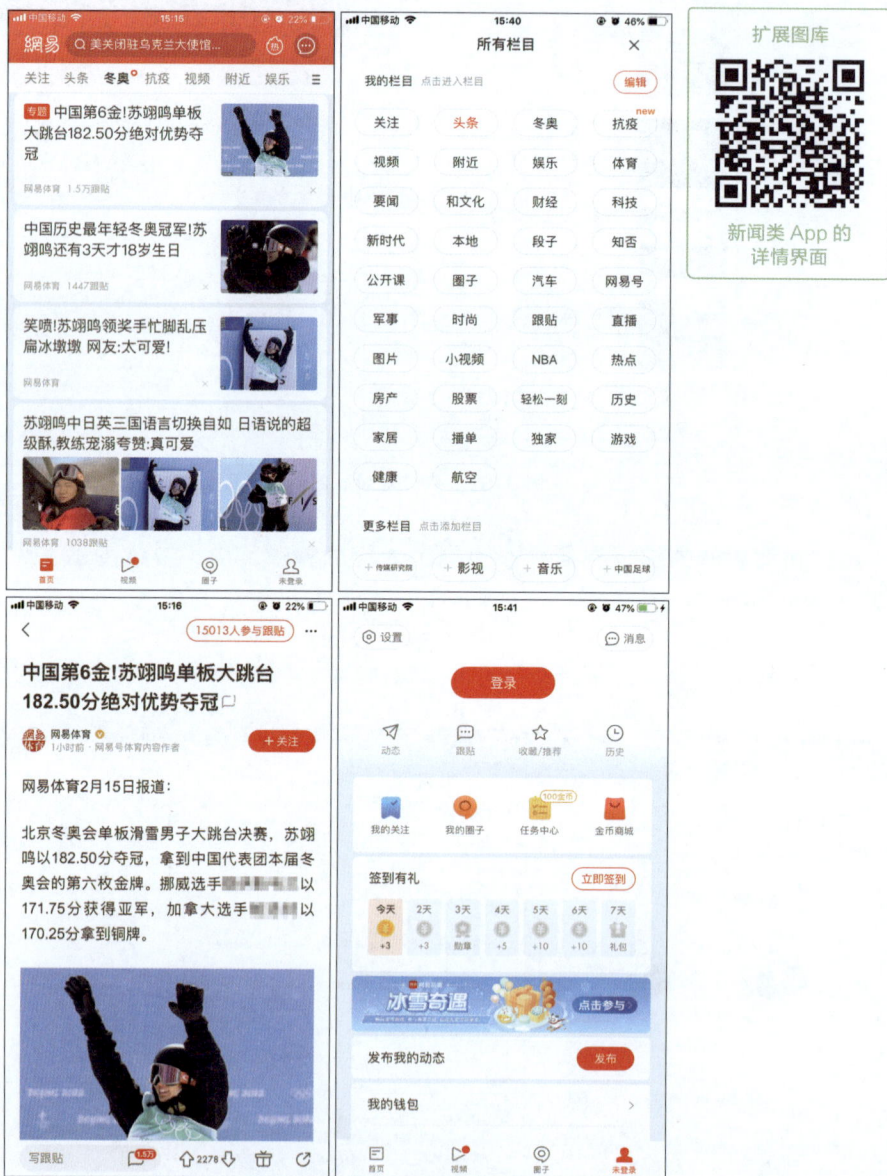

图 3-59　新闻类 App 的查看界面

这类 App 的编辑界面主要包括设置、评论、搜索等界面，如图 3-60 所示。这些界面应该便于用户操作，为用户提供记忆帮助。

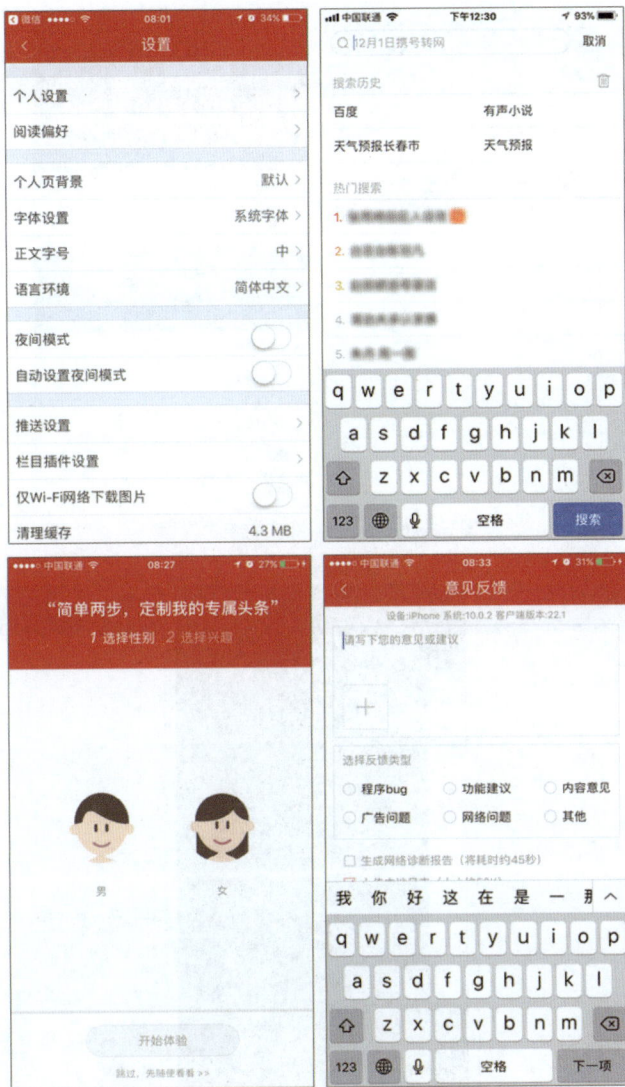

图 3-60　新闻类 App 编辑界面

3. 音乐类 App

　　这类 App 的查看界面主要用于查看信息、选择歌曲，这些界面多采用列表式、手风琴式等便于浏览、节省界面空间的布局方式，如图 3-61 所示。

　　音乐类 App 的编辑界面与新闻类 App 相似，主要包括设置、搜索等界面，如图 3-62 所示。操作是否简单、界面是否友好应该是设计中需要关注的问题。

扩展图库

音乐类 App 的
详情界面

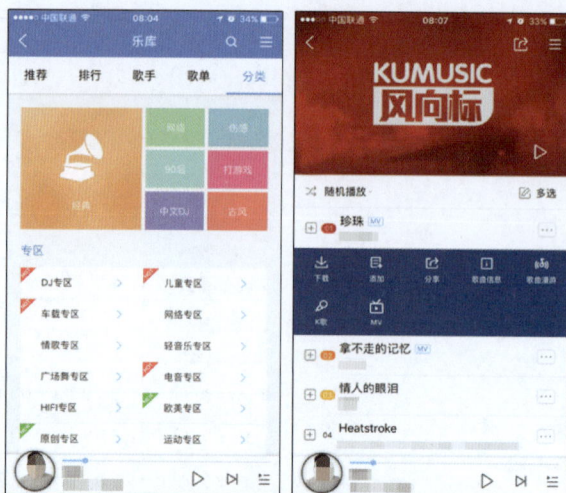

图 3-61　音乐类 App 的查看界面

图 3-62　音乐类 App 的编辑界面

从上面 3 类 App 的详情界面可以看出，详情界面会根据用户需求的不同，在布局和功能上有所区别。很多设计原理和法则会对我们有所帮助，如在设计领域应用比较广泛的格式塔原理，就非常适合应用于界面设计。

3.5.3　常用的设计法则

本小节将介绍两种在界面设计中常用的设计法则，即接近法则和相似法则，相信它们会对你有所启发。

1. 接近法则

接近法则是指人们倾向于将在空间时间上接近的元素看作一个整体。在图 3-63 中，虽然所有的圆形大小都一样，但是我们能够清晰地看到它们被分成了 3 组，这是因为它们之间不同的距离为我们创造了视觉上的分组效果。

图 3-63　接近法则的示意图

接近法则的应用可以替代以往在界面中添加线条、边框、背景色等元素来对信息进行分组的方法，从而使界面变得简洁、清晰、一目了然。在图 3-64 中，左侧的界面是多年前流行的效果，现在看来，它使用了太多的颜色、纹理来修饰界面效果，增加了许多干扰元素，影响了用户的注意力和界面的视觉效果。而右侧的界面很好地运用了接近法则来对信息进行分组，没有分隔线，没有多余的阴影，清晰、简洁、易用性高，为用户带来了极好的使用体验。

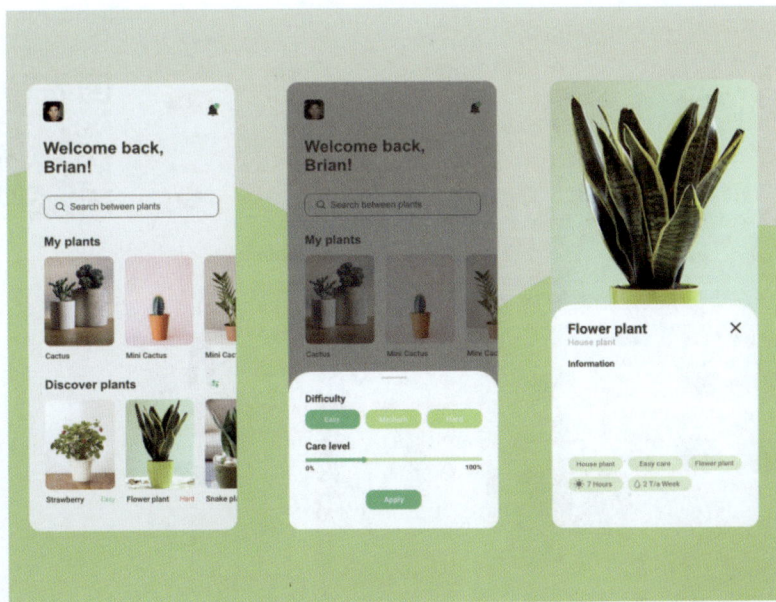

扩展图库

运用接近法则的
界面

图 3-64　接近法则的应用

2. 相似法则

相似法则是指人们倾向于将视野内一些相似的元素看作一个整体，如元素的形状、颜色、大小、亮度等相似。图 3-65 所示的各行图形虽然间距相等，但是每行的形状有所不同，这形成了视觉上的分组效果。

图 3-65　相似法则

运用相似法则，即使界面中各元素摆放得杂乱无序，也可以很容易地对它们进行区分并分组。在图 3-66 中，虽然文件类型较多，但是根据图标的形状和颜色就可以非常容易地将它们分成若干组合。

图 3-66　相似法则的优势

相似法则的应用基于元素具有共同的视觉特征。在界面设计中，我们可以利用相似法则给予不同的元素相同或相似的视觉特征，激发用户对元素进行分组的本能。图 3-67 所示的两个界面就很好地运用了相似法则，引导用户根据形状、颜色等方面的相似性来对元素进行分组。

图 3-67　相似法则的应用

□ **任务实施**

接下来为大家介绍两个详情界面的制作过程，首先是编辑界面的制作。

① 制作一个编辑界面——设置界面。可以将上一节制作的主界面存储为新的文件，并命名为"设置界面"。保留界面中的状态栏，将标题栏处的文字改为"设置"，删除标题栏右侧的图标、标签栏处的两个提醒标记以及内容区域中的内容，效果如图 3-68 所示。

图 3-68　设置界面

② 设置界面的启动按钮位于主界面标题栏的右侧，点击进入该界面后，标题栏应该有返回按钮，点击该按钮即可回到主界面。所以，我们在标题栏的左侧添加返回按钮的图标，如图 3-69 所示。

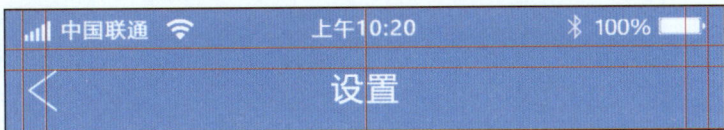
图 3-69　添加返回按钮的图标

③ 为背景填充浅灰色（R：243，G：243，B：243）。使用参考线对界面进行分割，制作列表式的界面，如图 3-70 所示。列表的高度为 96 像素，根据功能的不同对其进行分组，每组间的距离是 40 像素。

④ 按照参考线使用矩形选框工具绘制列表，为其填充白色；同时为列表添加描边，描边宽度为 1 像素，颜色为灰色（R：134，G：134，B：134），效果如图 3-71 所示。

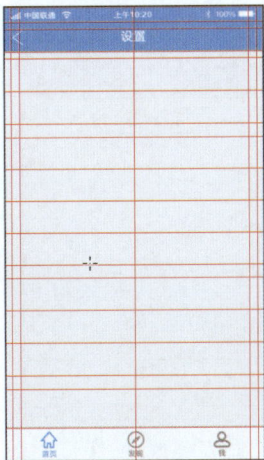
图 3-70　分割

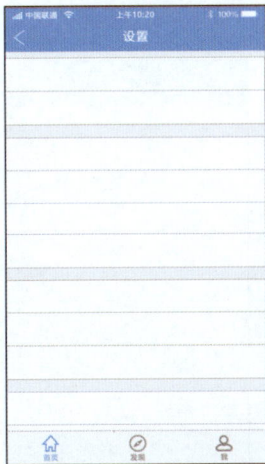
图 3-71　绘制列表

⑤ 在列表的左侧添加文字，文字的大小为 34 像素，颜色为黑色（R：0，G：0，B：0）。

在列表的右侧添加用于界面跳转的图标，用开关控制的功能需要在其列表右侧添加开关，效果如图 3-72 所示。

⑥ 在列表的右侧添加相关的文字，文字的大小为 30 像素，颜色为灰色（R：134，G：134，B：134）。至此，设置界面制作完成，效果图如图 3-73 所示。

图 3-72　添加图标和文字　　　　　图 3-73　效果图

接下来制作查看界面。

① 制作一个查看界面——答题界面。将设置界面另存为"答题界面"，删除下面的标签栏部分和中间的内容区域部分，将标题栏处的文字改为"侦探推理"，在标题栏右侧添加用于展示更多选项的图标，如图 3-74 所示。

② 使用参考线分割画布。题目处的高度为 100 像素，题干处的高度为 340 像素，各答案的高度为 96 像素，各部分的间距为 40 像素。效果如图 3-75 所示。

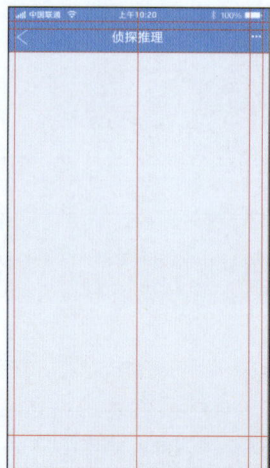

图 3-74　答题界面的初始效果　　　图 3-75　分割画布

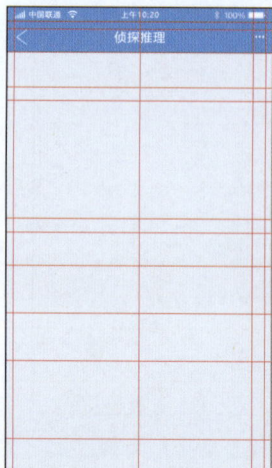

精讲视频

答题界面制作

③ 在题目处绘制尺寸为 70 像素 ×70 像素的圆形，填充橙色（R：228，G：126，B：44），制作题号。同时在右侧绘制用于分享的图标，其大小为 44 像素 ×44 像素，如图 3-76 所示。

图 3-76　题号和分享图标部分

④ 制作题干部分，文字大小为 30 像素，颜色为黑色（R：0，G：0，B：0）。要注意文字的排版，并且要在界面内做好布局。题干部分如图 3-77 所示。

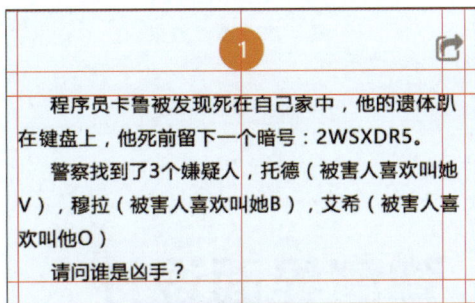

图 3-77　题干部分

⑤ 制作答案部分，做成带有复选框的形式，且文字大小为 34 像素，如图 3-78 所示。

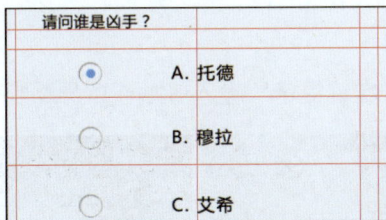

图 3-78　答案部分

⑥ 在标签栏处制作"提交"按钮，可以用橙色（R：228，G：126，B：44）来填充，同时将文字大小设为 40 像素，颜色设为白色。完成文字"上一题""下一题"的制作，其大小为 28 像素，颜色为灰色（R：134，G：134，B：134），如图 3-79 所示。

图 3-79　标签栏

⑦ 答题界面制作完成，最终效果如图 3-80 所示。

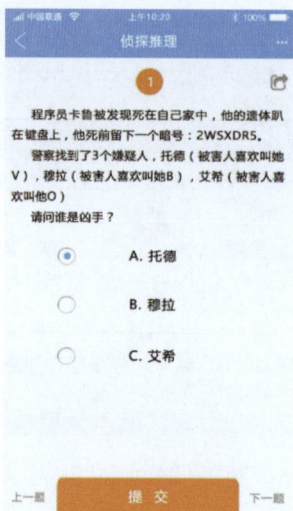

图 3-80　最终效果

3.6

任务 3　弹窗界面设计

本节任务是设计弹窗界面。那么，什么是弹窗界面呢？它有哪些常见的形式呢？

▢ 知识储备

弹窗界面是指 App 中用于实现提示、输入等功能的界面，如图 3-81 所示。

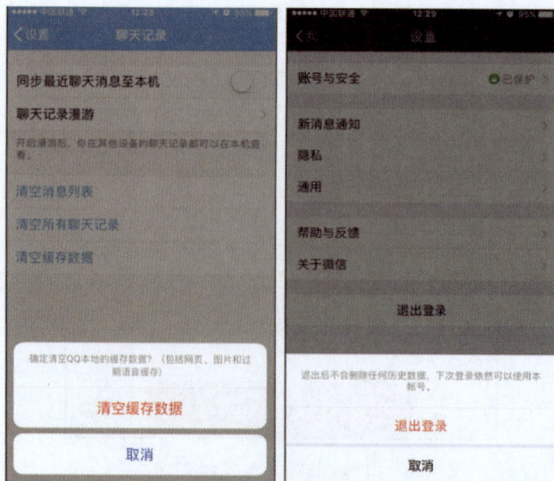

图 3-81　弹窗界面

弹窗界面常见的呈现方式是在界面上覆盖一层黑色半透明层，然后出现弹窗。弹窗界面常见的形式主要有以下几种。

1. 确认信息类弹窗

当我们使用 App 时，有时会进行信息确认和操作确认，通常确认选项仅有 1~2 项，这种情况下就不需要生成新的页面，可以使用弹窗，如图 3-82 所示。

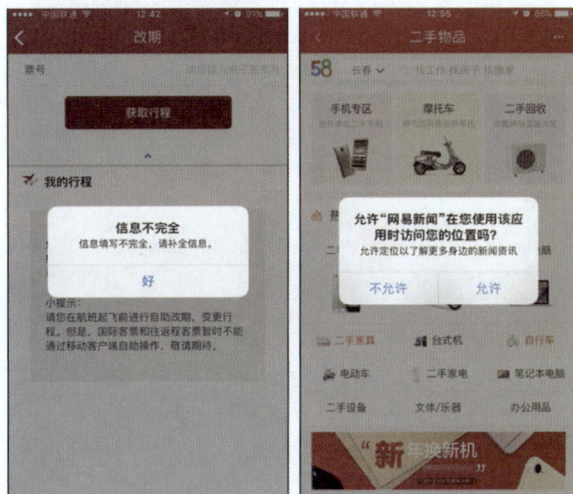

图 3-82 确认信息

2. 选择和设置类弹窗

在对界面效果进行设置或者选择某些功能时，也可以使用弹窗，这样会让操作的直观性更强，如图 3-83 所示。

图 3-83 选择和设置

3. 提示和广告类弹窗

对于 App 的新用户，可以使用提示类的弹窗简单说明 App 的特色和功能。也可以将广告或重要信息设计成弹窗，吸引用户的注意力，方便用户浏览和点击，如图 3-84 所示。

图 3-84　提示和广告

4. 分享类弹窗

当需要信息分享或发送文件时，可以使用弹窗来显示第三方的应用程序，方便用户选择和操作，如图 3-85 所示。

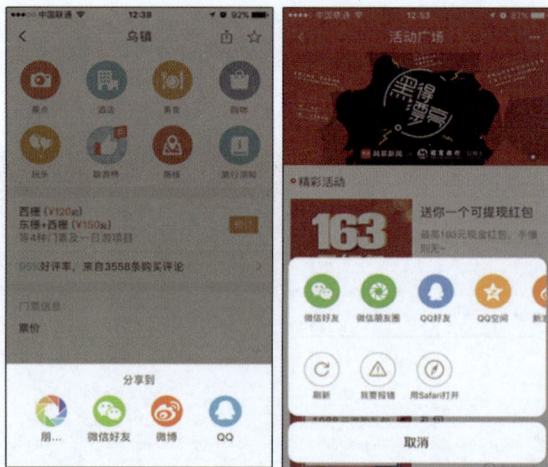

图 3-85　分享

□ **任务实施**

本节任务是设计出现在答题结束、提交答案之后出现的提示弹窗界面，其分为答题正确和答题错误两个界面。

① 制作一个用来显示答题正确的弹窗界面。打开上节制作的查看界面，新建图层，填充黑色，将图层的不透明度设置为 30%，如图 3-86 所示。

② 选择图角矩形工具，将圆角半径设置为 20 像素，绘制图 3-87 所示的圆角矩形，并为其填充白色。

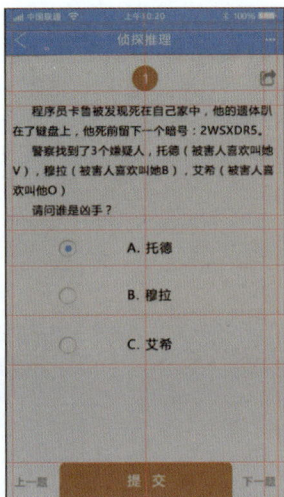

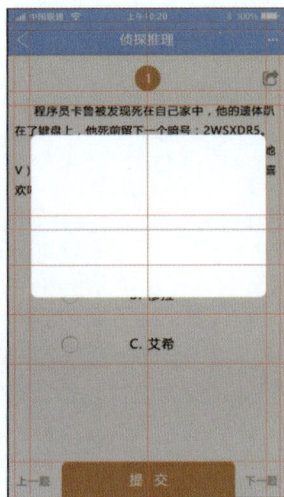

图 3-86　新建图层　　　图 3-87　绘制圆角矩形

精讲视频

弹窗界面的制作

③ 拖曳参考线，新建图层，绘制高度为 88 像素的矩形选区，为其填充主题层颜色（R: 23,G: 167, B: 254）。选中圆角矩形，修改与蓝色矩形相连的部分，将圆角修改为直角，如图 3-88 所示。

④ 添加文字，将字体设为黑体，大小设为 34 像素，颜色设为白色，如图 3-89 所示。

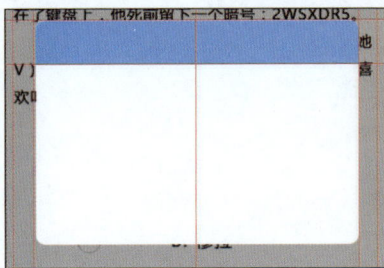

图 3-88　蓝色圆角矩形　　　图 3-89　添加文字（一）

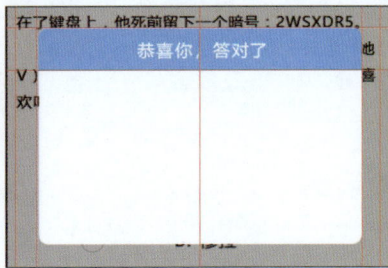

⑤ 添加图 3-90 所示的文字，将"正确答案"字样的字号设置为 36 像素，颜色设为黑色；将"智力值""当前智力值"字样的字号设置为 28 像素，颜色设为深灰色（R: 83, G: 83, B: 83）。

⑥ 绘制圆角半径为 10 像素的圆角矩形，为其填充主题层颜色。添加文字"题目解析"，将文字大小设为 30 像素，颜色设为白色，如图 3-91 所示。

⑦ 为了增强互动性，可以添加"考考朋友"这样的文字选项，实现互动功能。将文字考"参考朋友"的大小设为 26 像素，颜色设为浅灰色（R: 147,G: 147,B: 147），效果如图 3-92 所示。

⑧ 微调各部分的位置，答题正确的弹窗界面制作完成，如图 3-93 所示。

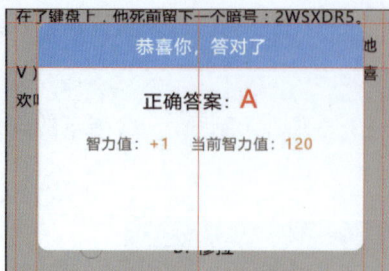

图 3-90　添加文字（二）　　　　　　图 3-91　制作按钮

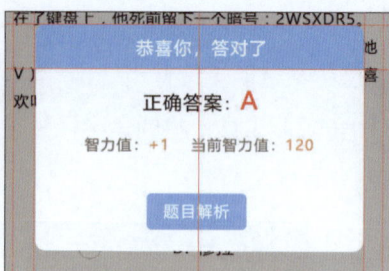

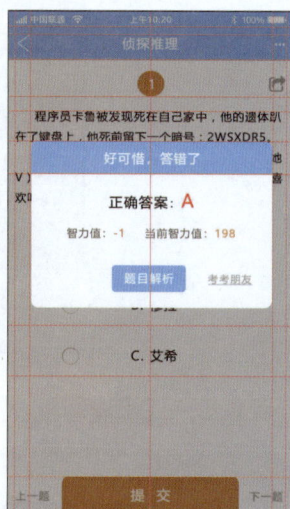

⑨ 答题错误的弹窗界面与答题正确的弹窗界面类似，只是在内容上有所区别，界面效果如图 3-94 所示。

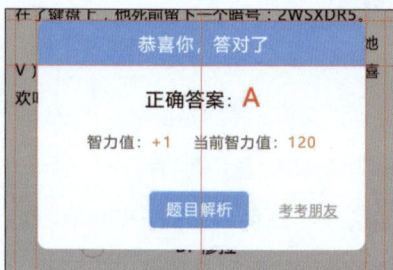

图 3-92　添加文字选项　　　　图 3-93　答题正确的弹窗界面　　　图 3-94　答题错误的弹窗界面

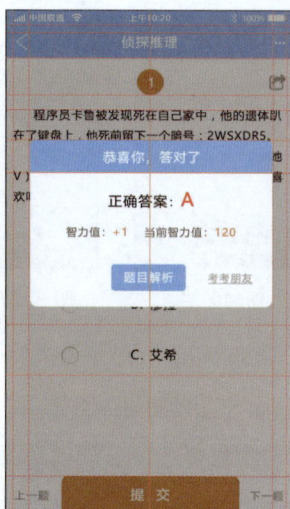

3.7

知识回顾

本项目详细介绍了界面设计的内容、分类、表现手法以及设计规范等方面的知识。任务讲解部分能帮助读者更深入地了解界面设计的方法和技巧。

界面设计既强调设计，也强调规范，只有二者兼顾，才能使设计的界面美观、适用。界面设计不能脱离用户的需求和体验，有人说"好的设计应该使用户在使用过程中感受不到设计"，也就是说，只有从用户的角度出发，充分考虑用户的需求，尽可能为用户提供较好的使用体验的界面设计才是好的设计。

3.8 拓展训练

请你运用在本项目中所学的知识，完成一款 App 的界面设计，要求如下。

（1）主界面、编辑界面、查看界面、弹窗界面各设计一份。

（2）界面美观，符合界面设计的规范。

范例：

本范例是为一款美颜相机设计的界面，界面的颜色为暖色，要符合年轻人的审美需求。本范例在满足大众对于拍照类 App 的使用需求的同时，加入了一些新的功能和设计，极大地提高了 App 的易用性。主界面、编辑界面、查看界面、弹窗界面的范例分别如图 3-95、图 3-96、图 3-97、图 3-98 所示。

图 3-95　主界面　　　　图 3-96　编辑界面　　　　图 3-97　查看界面　　　　图 3-98　弹窗界面

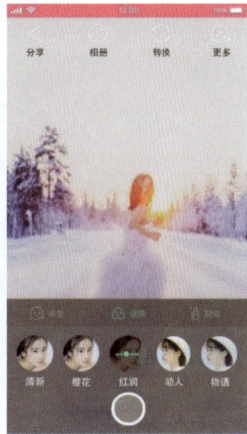

3.9 案例欣赏

扩展图库

界面设计案例

完成界面的设计后，我们会对它进行包装和展示。包装整体的设计风格要与界图的风格保持一致，包装一般会在瀑布流中从上向下进行设计。界面设计包装的表现形式比图标设计包装的表现形式更为丰富。

　　我们选取了几款界面设计的包装案例进行展示，因篇幅限制，我们对瀑布流进行了裁切。每个案例中的左图是瀑布流的上半部分，右图是瀑布流的下半部分。

案例 1："360 安全路由"界面设计

案例 2：“FRESH IT UP”界面设计

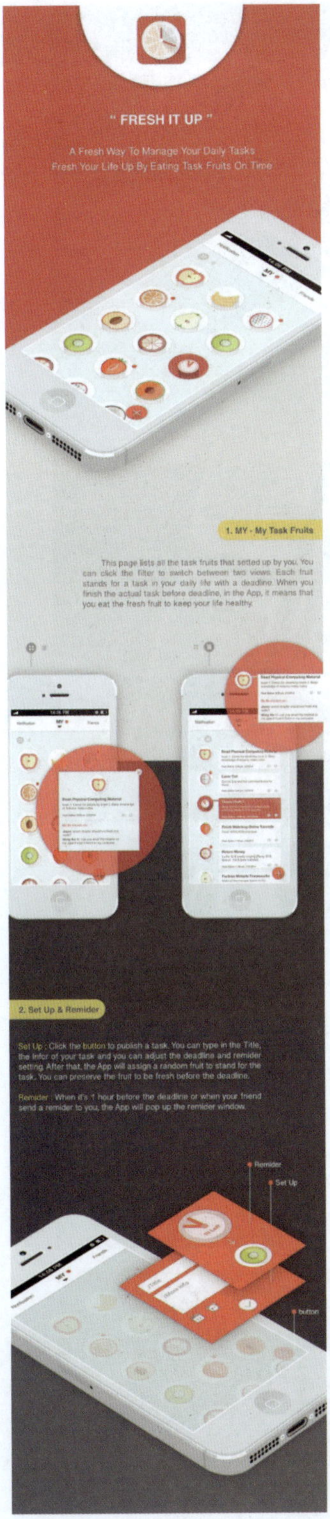

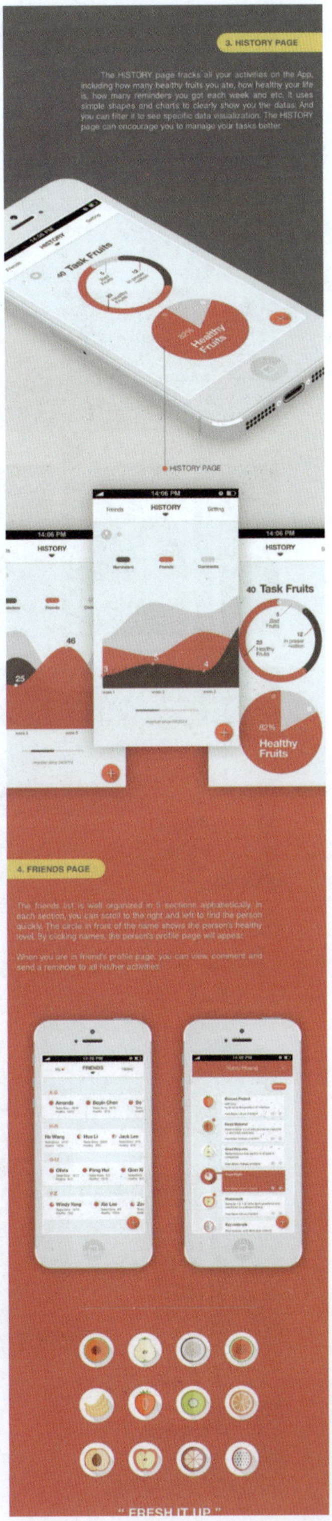

案例 3：餐饮 App 界面设计

案例 4："Map My Run"界面设计

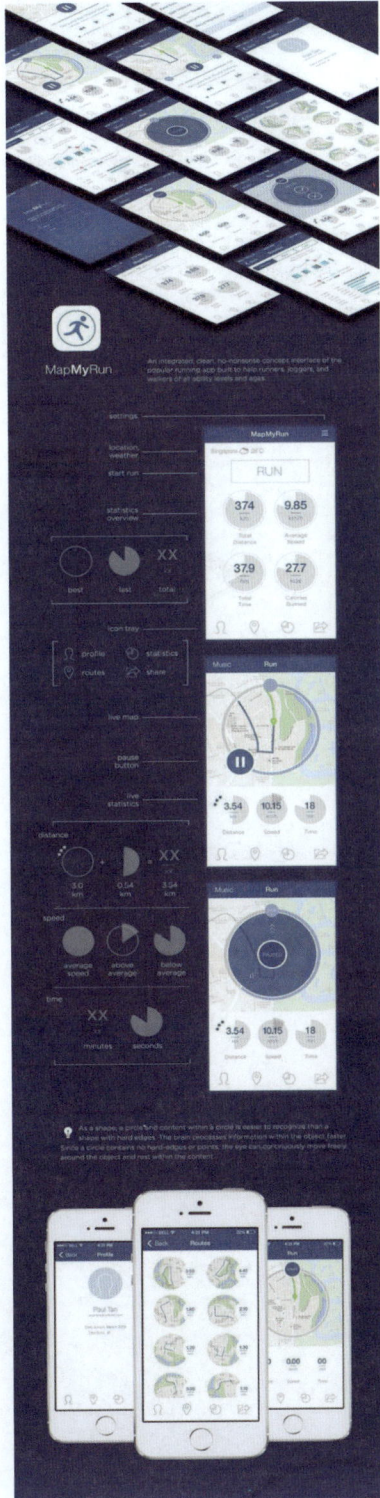

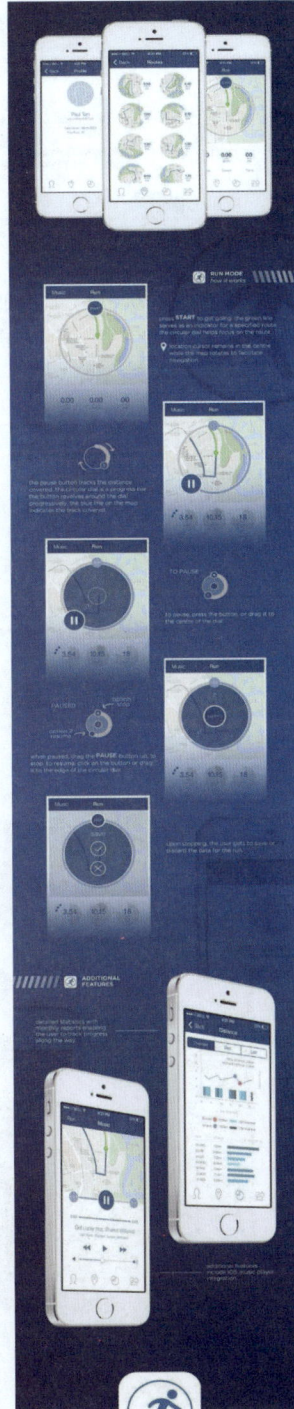

案例 5：12306 界面优化设计

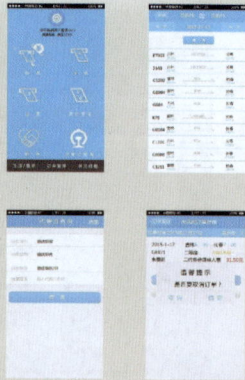

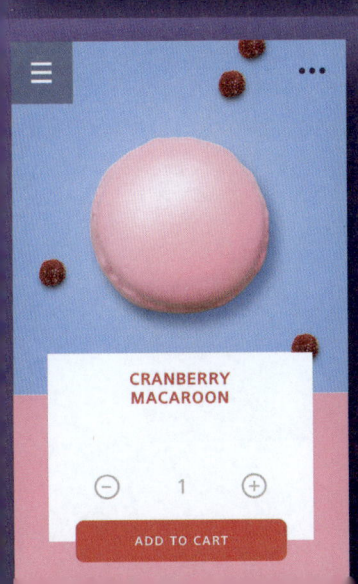

项目 4
交互设计

　　本项目要求完成一款针对大学生群体的健身类 App 的交互设计。那么，什么是交互设计呢？它有哪些要素呢？

产品经理	UX设计师	交互设计师	UI设计师	技术工程师	测试工程师
产品体验分析	用户研究	流程规划	图形设计	前端技术实现	测试产品

学习引导		
	知识目标	能力目标	素质目标
学习目标	了解交互设计的概念； 了解交互设计团队的成员； 了解交互设计的要素； 掌握交互设计的流程； 掌握流程中各环节的实施方法	能够熟练运用各种软件完成制作任务； 能够与团队成员沟通合作； 能够以小组为单位完成各环节的设计制作任务	具有较强的集体意识和团队合作精神，学会换位思考
实践课程	用户画像与竞品分析； 产品结构图制作； 低保真原型制作； 高保真原型制作； 后期跟进		

4.1
什么是交互设计

　　交互设计也称互动设计，是指设计人和产品或服务互动的一种机制。简单来说，交互就是人们在使用网站和软件、消费产品时产生的互动行为，如图 4-1 所示。

图 4-1　交互行为

随着网络和技术的发展，各种新产品和交互方式越来越多，人们也越来越重视交互体验。以用户体验为基础的交互方式会使用户感到愉悦，交互的过程更有效。因此，交互设计作为一门关注交互体验的新学科，早在 20 世纪 80 年代就产生了。它由 IDEO 的一位创始人比尔·莫格里特（Bill Moggridge）在 1984 年的一次设计会议上提出，他一开始将它命名为"软面（Soft Face）"。由于这个名字容易让人想起当时流行的玩具"椰菜娃娃（Cabbage Patch Doll）"，因此它后来更名为"交互设计（Interaction Design）"。

归纳来说，交互设计就是以用户的需求为导向，理解用户的期望、需求，理解商业、技术以及业内的机会与制约，创造出形式、内容和行为有用且易用的，令用户满意且技术可行的具有商业价值的产品。

4.2 交互设计团队

交互设计是一个系统而细致的项目，因此不适合一个人完成，通常需要组建一个团队来完成。在这个团队中，成员分工明确、各司其职，同时又相互联系、共同合作，通过团队协作最终完成产品的交互设计。交互设计团队的成员通常如图 4-2 所示。

（1）产品经理/项目经理：主要负责产品体验分析。

（2）UX 设计师：主要负责用户研究。

（3）交互设计师：主要负责流程规划。

（4）UI 设计师：主要负责图形设计。

（5）技术工程师：主要负责前端技术实现。

（6）测试工程师：主要负责测试产品。

扩展知识

团队协作

| 产品经理 | UX设计师 | 交互设计师 | UI设计师 | 技术工程师 | 测试工程师 |
| 产品体验分析 | 用户研究 | 流程规划 | 图形设计 | 前端技术实现 | 测试产品 |

图 4-2　交互设计团队

在项目前期准备阶段，产品经理要了解该项目的背景，了解项目主要针对的人群及该人群的特征。UX 设计师要配合产品经理做好用户建模和用户目标分析，同时要做好竞品分析，阅读需求文档并分析需求，提出自己的想法，与产品经理沟通并达成一致意见。

在中期设计阶段，交互设计师要完成产品结构图和低保真原型的制作，并向 UI 设计师描述交互细节，跟进视觉稿。UI 设计师要制作高保真原型和产品的原型。

在后期跟进阶段，UI 设计师要向技术工程师详细描述交互原型的结构，跟进开发并及时发现遗漏；还要和测试工程师一起测试产品，看产品是否与设计目标相符。

可以说，交互设计的各阶段都离不开每个团队成员的配合。公司规模、设计项目规模的大小不同，交互设计团队的人数也会有所不同。

4.3 交互设计的要素

交互设计需要体现的要素可以归纳为如下几点。

（1）商业：交互设计要有助于商业目标的实现。

（2）任务：首先要充分考虑用户使用产品的目的，其次再考虑视觉展现。

（3）易用：设计对新用户来说是友好的，是易于学习、易于掌握的。

（4）一致：设计中的控件、交互方式要保持一致。

（5）清晰：主模块和主功能清晰。

（6）反馈：有操作就有反馈，提示信息必须有效且无干扰。

（7）友好：提供实时帮助信息、柔和提示信息。

（8）极简：设计简约而不繁杂，要为设计做减法。

你会发现，这些要素都是围绕用户的体验、目标和需求体现出来的。也就是说，交互设计的核心其实是用户，产品的外观、功能设计都是用来服务用户的，所以交互设计的本质应该是"以用户为中心"。

那么，什么是以用户为中心呢？简单地说，就是在进行产品设计时，从用户的需求和用户的感受出发，围绕用户设计产品，而不是让用户去适应产品。无论是产品的使用流程、信息架构，还是产品的人机交互方式，都需要考虑用户的使用习惯、预期的交互方式、视觉感受等。

以用户为中心的设计强调设计师要沉浸在用户所处的环境中，从用户的角度思考问题，这样才能发现问题、产生新的设计思路、拓展新的设计方向，由此产生的创新设计才能真正使用户获利，使产品获利。

虽然很多设计师都能意识到为终端用户设计产品的必要性，但他们经常以自身的经验或对市场的调查研究结果为准，而忽视了与用户的直接交流。实际上，正是与用户的深入沟通，才能够使设计师了解用户真实的需求情况，这些要比研究报告中的统计数据来得重要，甚至有些时候得到的结论是与统计数据的结果相反的。

按照交互设计各阶段不同的设计任务，交互设计一般会遵循"前期准备阶段—中期设计阶段—后期跟进阶段"这样的流程来进行。首先，我们进入前期准备阶段。

4.4

任务 1　用户画像与竞品分析

在前期准备阶段主要完成需求分析、用户建模和竞品分析。那么，怎样进行需求分析？如何建立用户画像？怎样做竞品分析呢？

□　知识储备

4.4.1　需求分析

所谓需求分析，就是指对要解决的问题进行详细的分析，弄清楚问题的根源及最终要达到的效果。

在交互设计中，需求分析就是指深度理解用户的基本需求，挖掘用户的深层次需求。例如，用户饿了要吃饭，吃饭就是用户的基本需求。结合该需求，我们可以帮助用户找到他愿意吃的食物，也可以向他推荐他可能喜欢吃的食物，接下来还可以帮助他把好吃的食物推荐给好友，这样就挖掘出了用户的深层次需求。可以说，聆听用户需求，深度剖析用户需求要点，找准用户痛点，这些就是需求分析的精髓。

在使用产品的过程中，用户不一定是一类人群，可能是多类人群。比如某购物类 App 的用户可能包括消费者、商家、广告商等。因此，在进行需求分析时，要确定核心用户，这样可以有针对性地进行调研、沟通，把握该用户群体的心理特征和需求，进而确定产品的核心功能和产品定位。

在需求分析阶段，了解用户群体的心理特征和需求的方法有很多，如问卷调查、走访等。对调研所得的数据和信息进行定性或定量分析，可以汇总出有用的信息，从而建立需求坐标系，如图 4-3 所示。需求坐标系以产品功能的重要度和使用频率为横纵坐标轴，将用户的需求按照产品功能的重要度和使用频率的高低在坐标系中标出位置。越靠近坐标原点，产品功能的重要度及使用频率越低，也就表明需求率越低；越远离坐标原点和横纵坐标轴，产品功能的重要度及使用频率越高，即需求率越高。

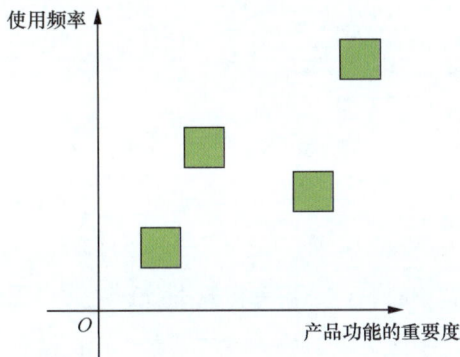

图 4-3　需求坐标系

通过需求坐标系，我们能列出信息的优先层级，能够了解哪些功能是用户最需要、最关心的，这样的功能的相关信息就要在第一层级显示。次要的、关注度较低的功能的相关信息就在第二、第三层级上显示。这样有依据的信息架构方法，能够使产品信息主次分明，同时避免冗余，让用户能够更方便快捷地找到自己想要的信息。

4.4.2　用户画像

用户画像也叫用户建模卡片，是虚构的一个用户，用来代表产品面向的核心用户群体。这个虚构的用户具备了该用户群体所有的典型特征，可以包括性别、年龄、地域、情感、喜好等，要能够反映出用户群体的痛点。用户画像不仅可以帮助产品经理明确用户的需求，还可以方便产品经理与其他成员沟通，是提高决策效率的有效手段。

用户画像可以手绘，也可以用计算机制作。图 4-4 所示是用计算机制作的两种不同风格的用户画像。

一个产品通常会有 3 种类型的用户，即目标用户、潜在用户和一般用户。我们可以建立 3 ～ 6 个用户画像来代表所有的用户群体。

通过用户画像，我们可以在开发产品时有所依据，始终把解决用户群体的痛点放在首位，针对他们的需求进行设计。

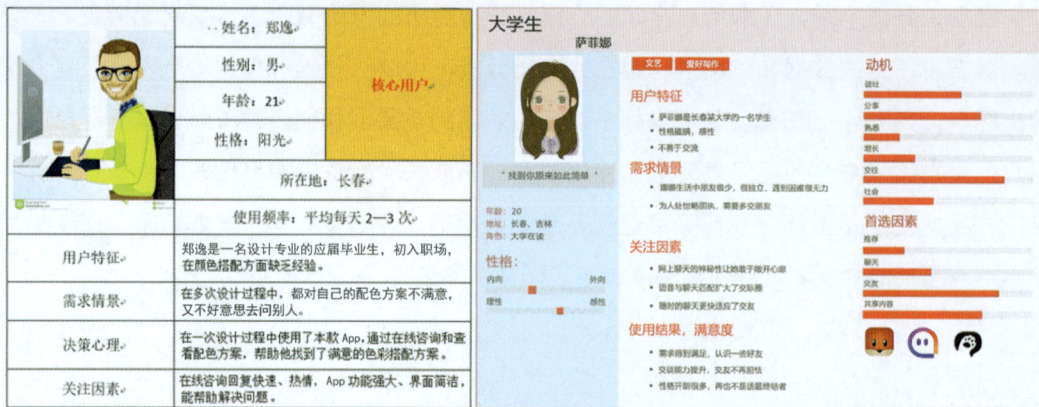

图 4-4　用户画像

4.4.3　竞品分析

确定了用户需求和产品功能后，还需要做竞品分析。通过竞品分析，我们可以了解竞争对手的产品和市场动态，掌握竞争对手的资本背景、产品运营策略等信息，还可以借鉴已经成形的较为完整的系统化思想和设计方向。

在做竞品分析时，一般选择 3~5 个竞品。这些竞品可以来自直接竞争对手（市场目标方向一致、产品功能和用户需求相似），也可以来自间接竞争对手（市场目标方向不一致、但产品本身的功能弥补了自己的产品）。我们可以从以下 4 个方面进行竞品分析。

1. 功能与内容

功能与内容分析主要是梳理竞品的主要功能和架构。通过对竞品功能的梳理，我们可以更好地了解它的功能点，找到可以借鉴的方面。我们还要找到竞品设计的切入点，以便在开发自己的产品时既能取长补短，又能有所突破。

2. 视觉与品牌

视觉与品牌分析主要是分析竞品的视觉效果和品牌效应，包括分析 logo、视觉风格、颜色搭配、图标、设计规范性等，从而找到自己产品的设计风格。

3. 交互与操作

交互与操作分析主要是分析在使用竞品时用户是否有自由控制权，界面布局、跳转方式是否一致，是否有明确的提示信息、合理的帮助与说明。此外，还要把握交互的细节，如操作中的提示、文案表达、交互动态效果等。

4. 市场与价格

市场与价格分析主要是分析竞品在产品市场价值、推广运营方式、战略和营销方式等方面的优缺点，借鉴其成熟的经验。

以上提到的是常见的竞品分析维度，在实践中也可以针对不同的竞品进行调整。竞品分析的主要目的就是找出竞品的优势和不足，做到"知己知彼"，以便在接下来的设计中找到借鉴点和突破点。图 4-5 展示的是为某外卖 App 做的竞品分析表格，主要分析维度是功能与内容。

	产品1	产品2	产品3	借鉴点和突破点
美食搜索	定位商家	定位美食	定位美食	定位商家/美食
商家信息	地图/电话	地图/电话	地图/电话	地图/电话/QQ/微信
支付方式	微信、支付宝、QQ钱包、货到付款	微信、支付宝、银行卡、货到付款	支付宝、银行卡、货到付款	支持任何付款方式
优惠打折	满25元减12元；首单减20元；赠饮品；微信分享红包；积分换礼品	满25元减10元；满40元减15元；首单减15元；	满20元减10元；满40元减15元；新用户减15元；使用百度钱包支付减1元	满30元减15元；首单减20元；赠饮品；微信分享红包；积分换礼品
指定时间	支持	支持	支持	支持
订单跟踪	支持	支持	支持	支持
特色功能	拼单、早餐预订	药品代购	垫付	拼单、早餐预订

图 4-5 竞品分析

竞品分析的重要输出是竞品分析报告，它是对竞品进行分析、比较、总结得出的结果。在撰写竞品分析报告时，我们要明确写这份报告的目的及报告的受众，从而把握好内容的侧重点，并得出研究结论。

□ **任务实施**

本节任务是完成一款健身类 App 的交互设计的前期准备阶段的工作。

1. 需求分析

大学生的健康是学校和家长十分关心的。在学校中，很多大学生因为繁杂的学习任务或是受到网络世界的影响，而忽视了运动健身的重要性。

针对大学生的健康状态，以及在运动健身方面的需求，我们设计了这款健身类 App。这款 App 定位目标是方便、高效、易用。我们将 App 命名为"亿健"，既可以理解为易于使用并能满足大学生的健身需要，鼓励大学生多运动、多健身，也包含设计者对这款 App 可以有大量的用户的美好期望。

2. 用户画像

我们通过对在校大学生在运动健身方面的需求进行调研，总结该用户群体的核心特征和痛点，建立了核心用户群体的用户画像，如表 4-1 所示。

表 4-1 用户画像

	姓名：小丽	核心用户
	性别：女	
	年龄：21	
	职业：大学生	
	所在地：长春	
	使用频率：平均 1 ~ 2 次 / 天	
用户特征	小丽是一名在校大学生，上了大学之后忙于学业，疏于锻炼，导致身体状况和精神状况变差，学习成绩也受到影响，为此她很苦恼	
需求情景	小丽想改变这种状态，但是去健身房花销很大，天天跑步又觉得很枯燥，坚持不下去	
认知过程	经朋友介绍，小丽知道了这款 App，听说使用起来方便又有效，小丽想要试一试	
决策心理	经过一段时间的使用，小丽觉得运动健身变得有趣了，每天花费 20 ~ 30 分钟运动健身也不会影响学习和休息，于是决定一直使用	
关注因素	运动健身教程易学、适用，记录准确、有效，能及时和好友分享，操作简单	
行为过程	有运动健身需求→打开这款 App →开始运动健身并记录→效果明显→持续使用	

3. 竞品分析

结合用户需求，我们选取了同类型的 3 款 App（在此隐去 App 名称）作为竞品分析对象。通过对同类 App 的定位、功能、层级结构与界面视觉效果等方面的分析，我们找到了"亿健"这款 App 的借鉴点和应避免的问题，如表 4-2 所示。

表 4-2　竞品分析

	App1	App2	App3	借鉴点	应避免的问题
界面视觉效果	采用了扁平化的界面风格，颜色以灰色为主	运用红、灰两种颜色，使用线条和卡片来区分功能	采用扁平化风格，颜色统一协调，给人单纯、简洁的美感	运用扁平化的界面风格，颜色不宜过多，要简洁大方	
特色功能	运动健身途径多样化	及时提醒用户当天的运动项目	有食物热量记录	运动健身方式要多样且新颖	
广告语	自律让我更自由	无	无	应简短新颖	界面杂乱，信息量少，更新不及时等问题
特色	数据记录丰富的健身视频	数据记录丰富的健身视频	数据记录丰富的健身视频饮食建议热量记录	数据收集多样化	
社交互动	推荐同城搜索讨论	话题搜索人气榜同城	分享故事好友圈搜索	社交互动、交友方式多样化	
不足	跑步记录不完善	广告太多	热量记录不完善		

4.5
任务 2　产品结构图制作

在前期准备工作的基础上，我们进入中期设计阶段，这个阶段的工作主要包括制作产品结构图、低保真原型和高保真原型。首先，我们来设计制作产品结构图。那么，什么是产品结构图？如何绘制产品结构图呢？

□ 知识储备

4.5.1　什么是产品结构图

产品结构图属于流程图。所谓流程图是指工作过程的图形表示，流程图形象直观、便于理解，各种操作让人一目了然。在交互设计中，流程图主要分为任务流程图和产品结构图。

1. 任务流程图

任务流程图用标准符号代表某些动作，如图 4-6 所示。一般用圆角矩形表示"开始"与"结束"，菱形表示问题判断或判定（审核 / 审批 / 评审）环节，平行四边形表示"输入"与"输出"，箭头代表工作流方向。

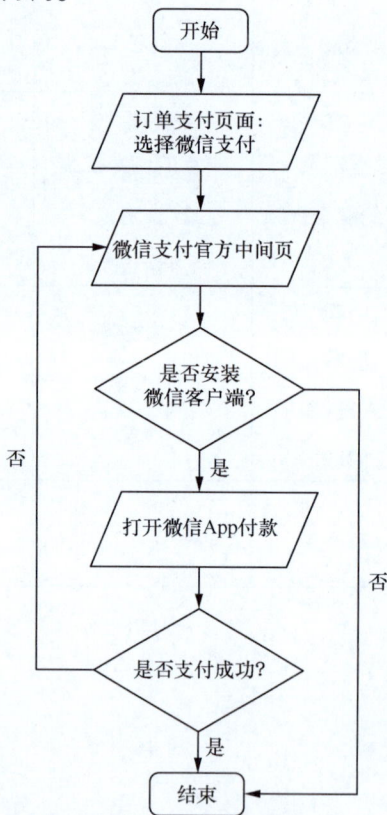

图 4-6　任务流程图

在产品开发中，我们可以使用任务流程图来表示产品的交互流程。一张简明的任务流程图不仅能够促进产品经理与交互设计师、开发人员的交流，还能避免逻辑上出现错误和遗漏，确保流程的正确性与完整性。

2. 产品结构图

产品结构图用逻辑思维导图的形式来表现产品的信息和层级架构，如图 4-7 所示。逻辑思维导图一般运用图文并重的技巧，把各级主题的关系用相互隶属与相关用图表现出来。

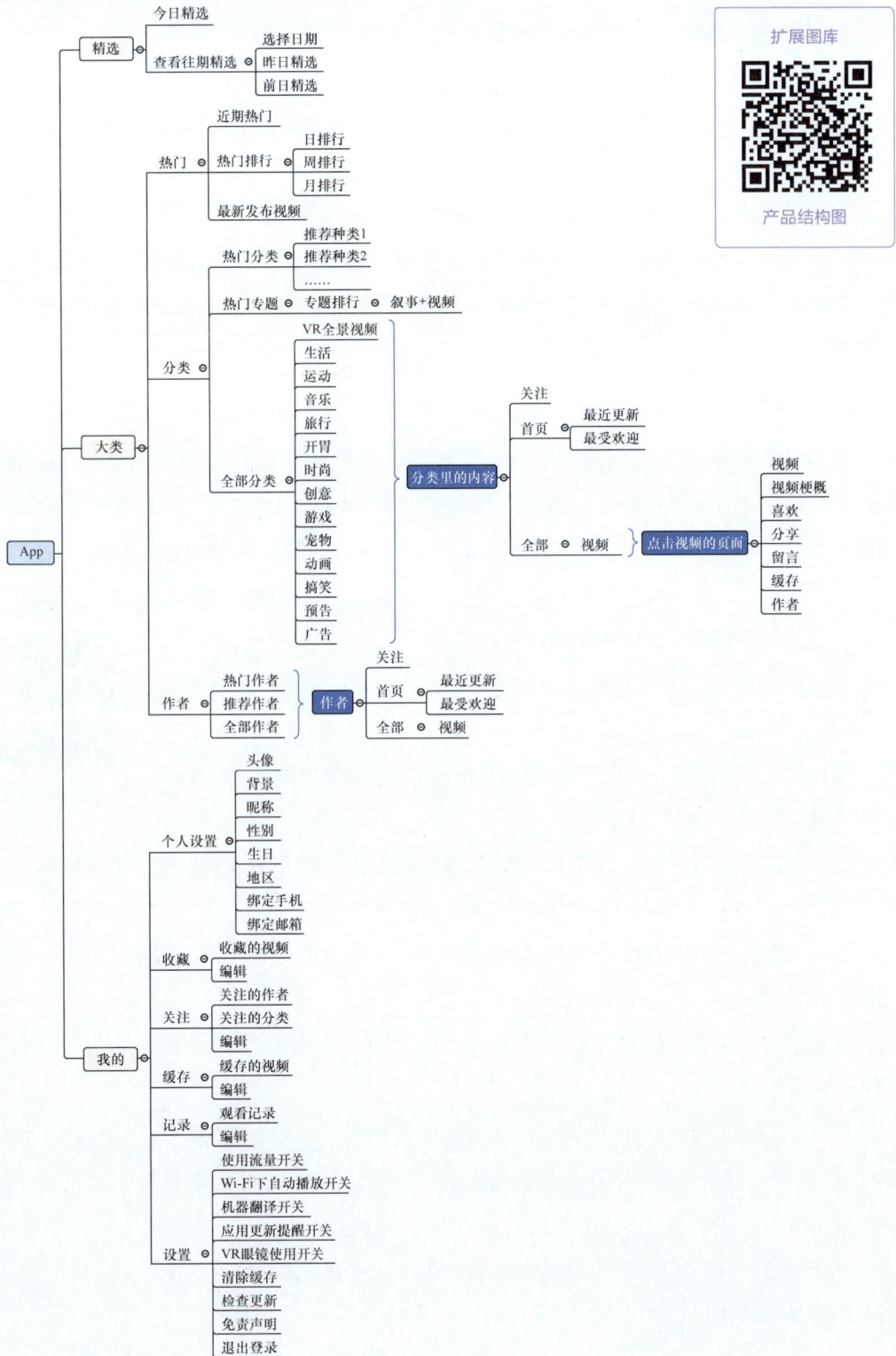

图 4-7　产品结构图

4.5.2　绘制产品结构图

通过产品结构图，我们可以清晰地看到产品有多少个模块，各模块下有多少种功能，各功能有哪些需要考虑的因素等信息。常用的逻辑思维导图制作软件有 Mind Manager、XMind、Illustrator 等。这些软件可以简洁、方便、美观地展现产品的功能架构，使其层级清晰、一目了然。

我们通过产品结构图可以归纳出需要的界面。以图 4-7 为例，我们可以对照图中所示的功能归纳出相应的界面（用小红旗表示），如图 4-8 所示。值得注意的是，界面的数量并不一定等同于产品结构图中的功能数量。从图 4-8 中也可看出，界面的数量明显少于功能的数量。

□ **任务实施**

本节任务是梳理 App 的所有功能，并根据功能的优先级别制作产品结构图。我们将 App 的主要功能划分为"健身""发现""商城""我" 4 类。"健身"功能主要包括数据记录、健身视频等内容。"发现"功能主要包括知识、故事、话题、好友动态等内容。在"商城"中可以购买商品，在"我"中可实现个人资料、动态、金币管理等功能。

使用 XMind 制作产品结构图的步骤如下。

① 打开 XMind，出现图 4-9 所示的窗口，我们可以选择"空白图"，也可选择"模板"来制作产品结构图。

② 选择"空白图"中的"逻辑图（向右）"后会弹出图 4-10 所示的对话框，在其中选择一种风格。

③ 选择"专业"风格，点击"新建"按钮后，即可进入图 4-11 所示的编辑窗口。

④ 双击"中心主题"处即可编辑文字，我们将主题改为"亿瘦"，如图 4-12 所示。

⑤ 按键盘上的"Insert"键即可创建图 4-13 所示的分支主题。我们可以将文字改为"瘦身"。

⑥ 选择"瘦身"分支主题，按键盘上的"Enter"键即可再创建一个分支主题，如图 4-14 所示。

⑦ 按此方法，我们可以将 4 个分支主题制作完成，如图 4-15 所示。

⑧ 选择"瘦身"分支主题，按键盘上的"Insert"键，即可创建图 4-16 所示的下一层级的分支主题。

⑨ 按照这样的方法，我们可以不断地创建分支主题，然后修改文字，即可得到图 4-17 所示的产品结构图。

精讲视频

产品结构图制作

```
App
├─ 大类
│   ├─ 精选
│   │   ├─ 今日精选
│   │   └─ 查看往期精选
│   │       ├─ 选择日期
│   │       ├─ 昨日精选
│   │       └─ 前日精选
│   ├─ 热门
│   │   ├─ 近期热门
│   │   ├─ 热门排行
│   │   │   ├─ 日排行
│   │   │   ├─ 周排行
│   │   │   └─ 月排行
│   │   └─ 最新发布视频
│   ├─ 分类
│   │   ├─ 热门分类
│   │   │   ├─ 推荐种类1
│   │   │   ├─ 推荐种类2
│   │   │   └─ ……
│   │   ├─ 热门专题
│   │   │   └─ 专题排行 ── 叙事+视频
│   │   └─ 全部分类
│   │       ├─ VR全景视频
│   │       ├─ 生活
│   │       ├─ 运动
│   │       ├─ 音乐
│   │       ├─ 旅行
│   │       ├─ 开胃
│   │       ├─ 时尚
│   │       ├─ 创意
│   │       ├─ 游戏
│   │       ├─ 宠物
│   │       ├─ 动画
│   │       ├─ 搞笑
│   │       ├─ 预告
│   │       └─ 广告 ── 分类里的内容
│   │               ├─ 首页
│   │               │   ├─ 关注
│   │               │   ├─ 最近更新
│   │               │   └─ 最受欢迎
│   │               └─ 全部 ── 视频 ── 点击视频的页面
│   │                       ├─ 视频
│   │                       ├─ 视频梗概
│   │                       ├─ 喜欢
│   │                       ├─ 分享
│   │                       ├─ 留言
│   │                       ├─ 缓存
│   │                       └─ 作者
│   └─ 作者
│       ├─ 热门作者
│       ├─ 推荐作者
│       └─ 全部作者 ── 作者
│               ├─ 首页
│               │   ├─ 关注
│               │   ├─ 最近更新
│               │   └─ 最受欢迎
│               └─ 全部 ── 视频
└─ 我的
    ├─ 个人设置
    │   ├─ 头像
    │   ├─ 背景
    │   ├─ 昵称
    │   ├─ 性别
    │   ├─ 生日
    │   ├─ 地区
    │   ├─ 绑定手机
    │   └─ 绑定邮箱
    ├─ 收藏
    │   ├─ 收藏的视频
    │   └─ 编辑
    ├─ 关注
    │   ├─ 关注的作者
    │   ├─ 关注的分类
    │   └─ 编辑
    ├─ 缓存
    │   ├─ 缓存的视频
    │   └─ 编辑
    ├─ 记录
    │   ├─ 观看记录
    │   └─ 编辑
    └─ 设置
        ├─ 使用流量开关
        ├─ Wi-Fi下自动播放开关
        ├─ 机器翻译开关
        ├─ 应用更新提醒开关
        ├─ VR眼镜使用开关
        ├─ 清除缓存
        ├─ 检查更新
        ├─ 免责声明
        └─ 退出登录
```

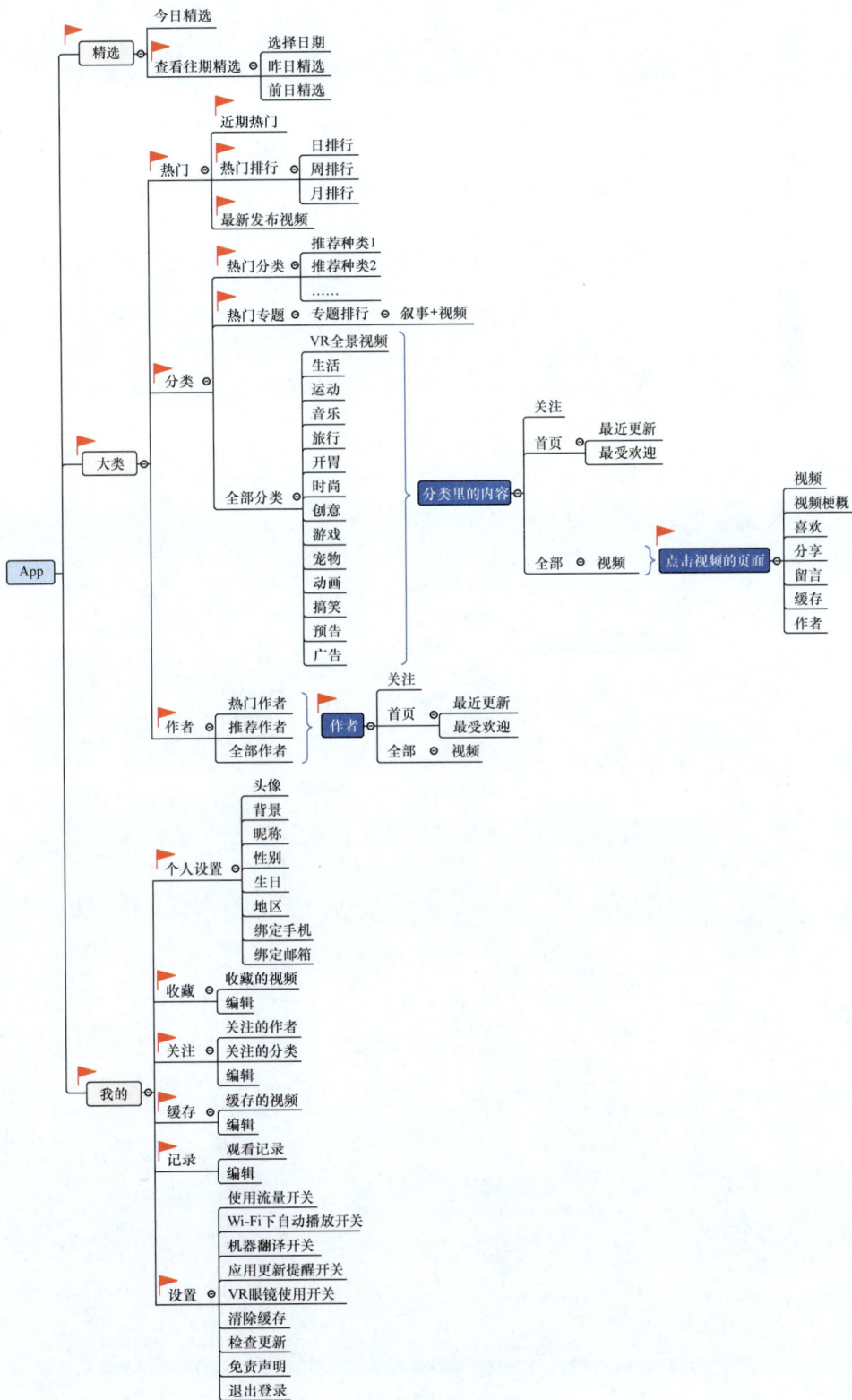

图 4-8　归纳界面

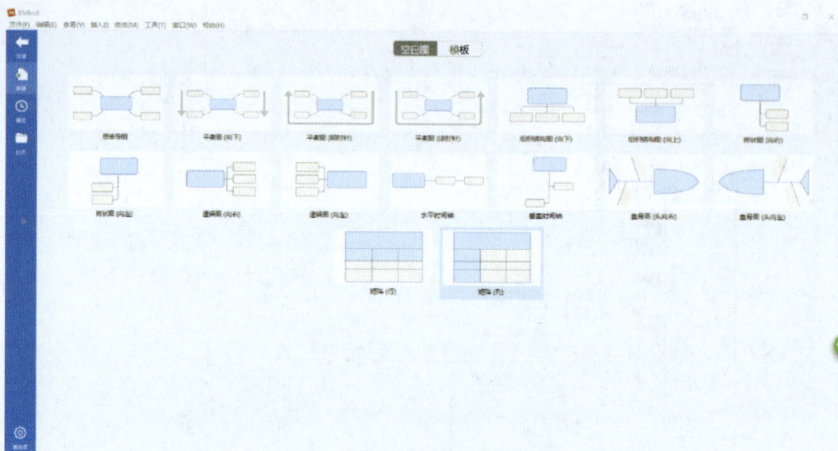

图 4-9　新建文件

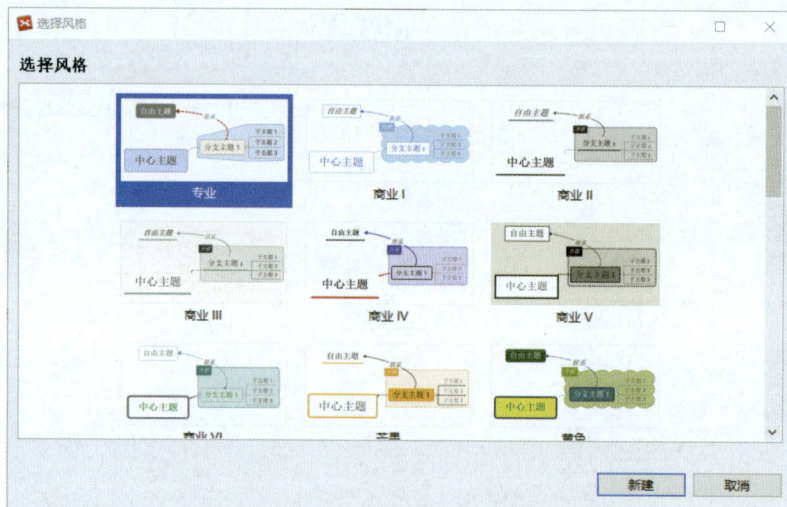

图 4-10　"选择风格"对话框

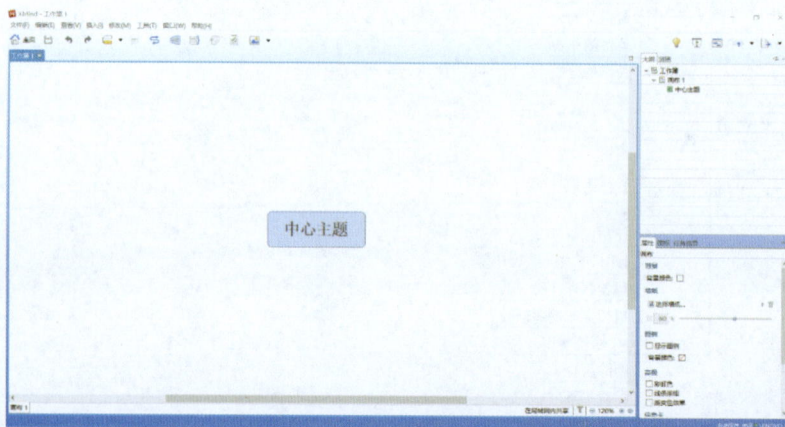

图 4-11　编辑窗口

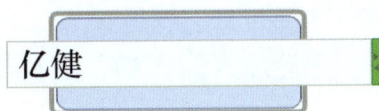

图 4-12 编辑主题

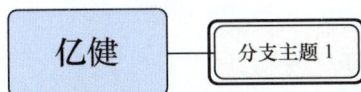

图 4-13 创建分支主题

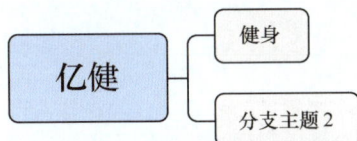

图 4-14 继续创建分支主题

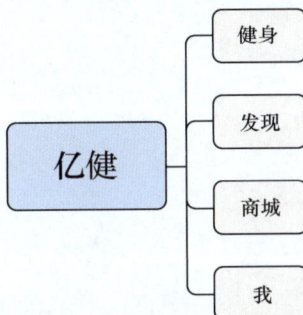

图 4-15 创建所有分支主题

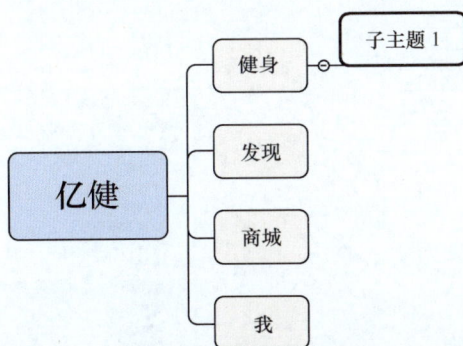

图 4-16 创建下一层级的分支主题

⑩ 在此基础上归纳界面。可以在选择需要添加界面的分支主题后，选择"插入"—"图标"—"旗子"，为该分支主题添加标识，如图 4-18 所示。

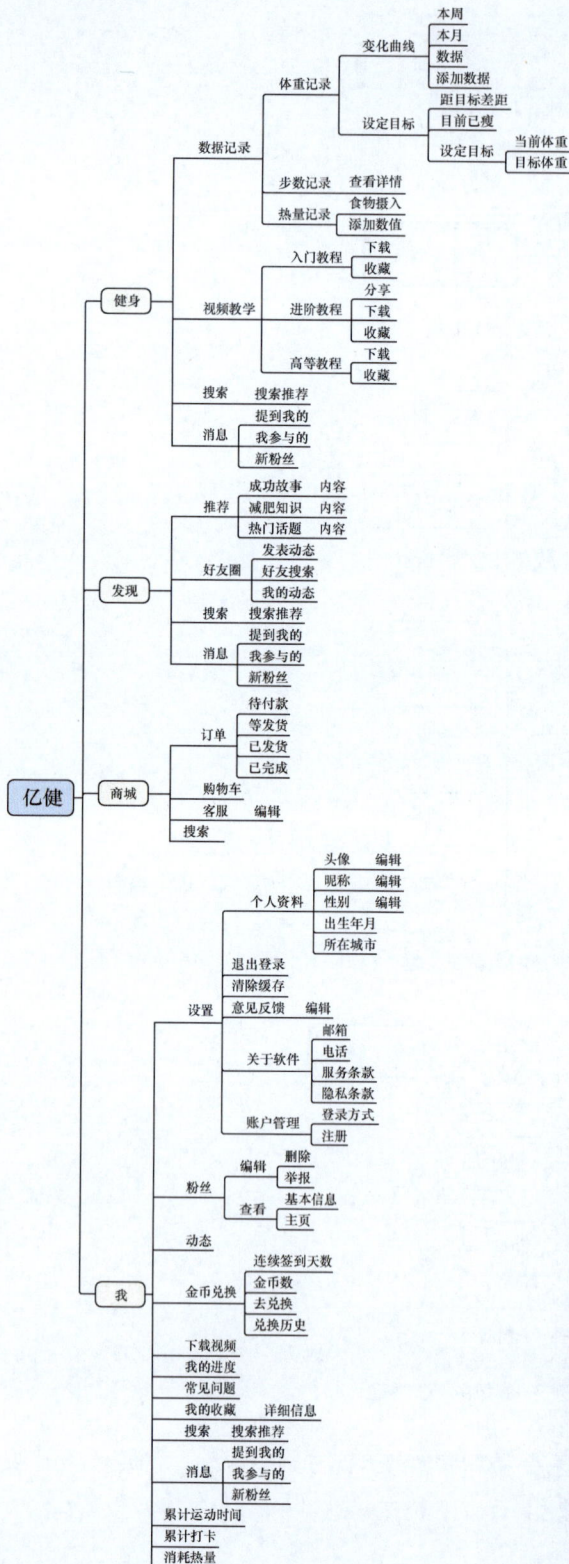

图 4-17　产品结构图

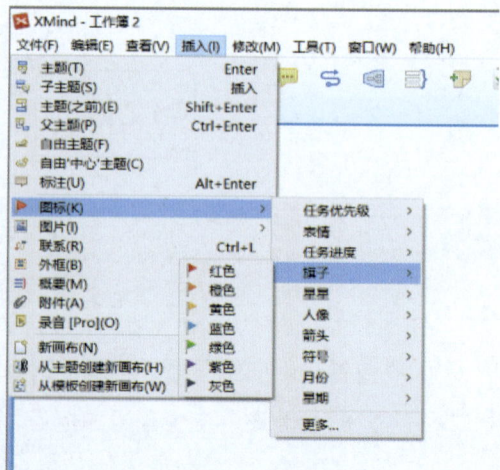

图 4-18　添加标识

⑪ 按此方法添加图 4-19 所示的所有标识，以便掌握界面的数量。

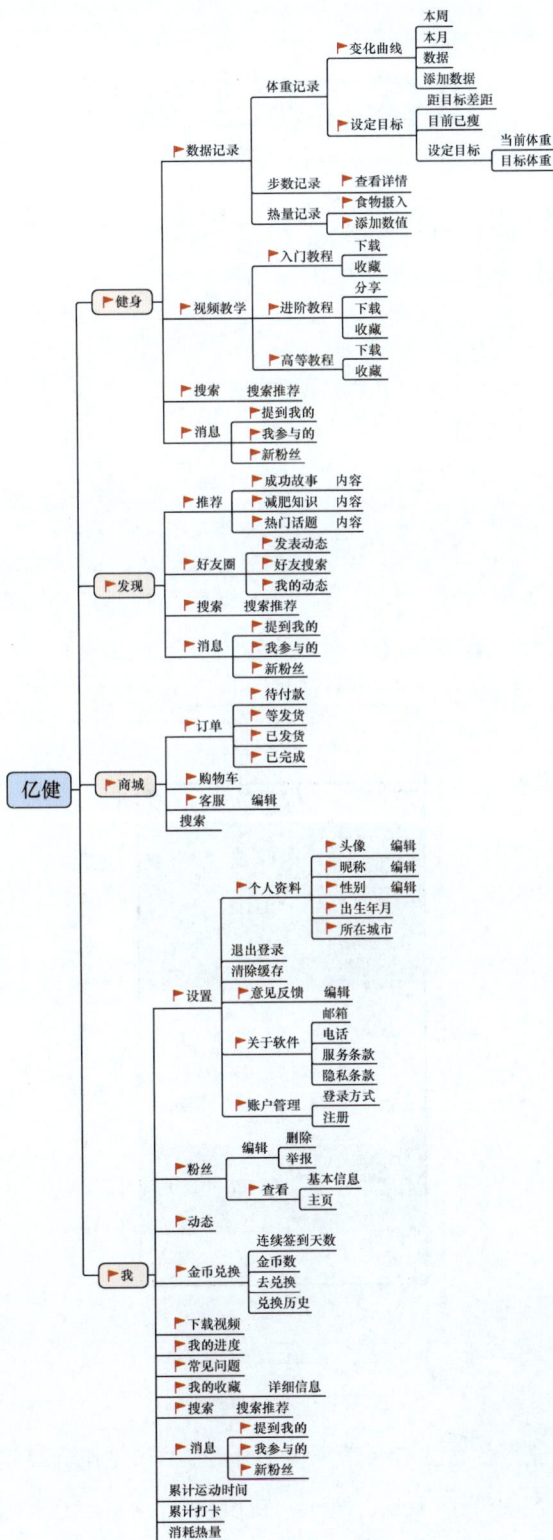

亿健
- 健身
  - 数据记录
    - 体重记录
      - 变化曲线：本周、本月、数据、添加数据
      - 设定目标：距目标差距、目前已瘦、设定目标（当前体重、目标体重）
    - 步数记录：查看详情
    - 热量记录：食物摄入、添加数值
  - 视频教学
    - 入门教程：下载、收藏、分享
    - 进阶教程：下载、收藏
    - 高等教程：下载、收藏
  - 搜索：搜索推荐
  - 消息：提到我的、我参与的、新粉丝
- 发现
  - 推荐：成功故事（内容）、减肥知识（内容）、热门话题（内容）
  - 好友圈：发表动态、好友搜索、我的动态
  - 搜索：搜索推荐
  - 消息：提到我的、我参与的、新粉丝
- 商城
  - 订单：待付款、等发货、已发货、已完成
  - 购物车
  - 客服：编辑
  - 搜索
- 我
  - 设置
    - 个人资料：头像（编辑）、昵称（编辑）、性别（编辑）、出生年月、所在城市
    - 退出登录
    - 清除缓存
    - 意见反馈：编辑
    - 关于软件：邮箱、电话、服务条款、隐私条款
    - 账户管理：登录方式、注册
  - 粉丝：编辑（删除、举报）、查看（基本信息、主页）
  - 动态
  - 金币兑换：连续签到天数、金币数、去兑换、兑换历史
  - 下载视频
  - 我的进度
  - 常见问题
  - 我的收藏：详细信息
  - 搜索：搜索推荐
  - 消息：提到我的、我参与的、新粉丝
  - 累计运动时间
  - 累计打卡
  - 消耗热量

图 4-19　归纳界面

4.6 任务 3 低保真原型制作

在产品结构图的基础上，我们可以根据各界面的功能制作低保真原型。那么，什么是低保真原型？它有什么作用？应该如何绘制呢？

▫ **知识储备**

4.6.1 什么是低保真原型

所谓原型，是指产品面市之前的框架设计。原型可以分为低保真原型和高保真原型两种。

低保真原型是将界面中的模块和元素、以人机交互的形式和线框描述的方法，进行更加具体、生动的表达。低保真原型设计也可以称为交互布局设计，如图 4-20 所示。

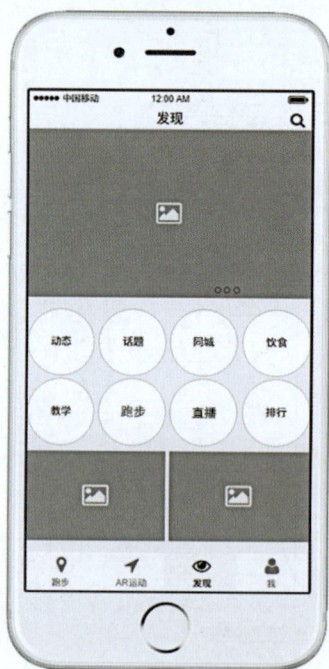

图 4-20 低保真原型

常见的制作低保真原型的方式有手绘（见图 4-21）和使用计算机制作两种。使用计算机制作低保真原型时可以使用 Sketch、Axure、Photoshop、Illustrator、墨刀等软件。

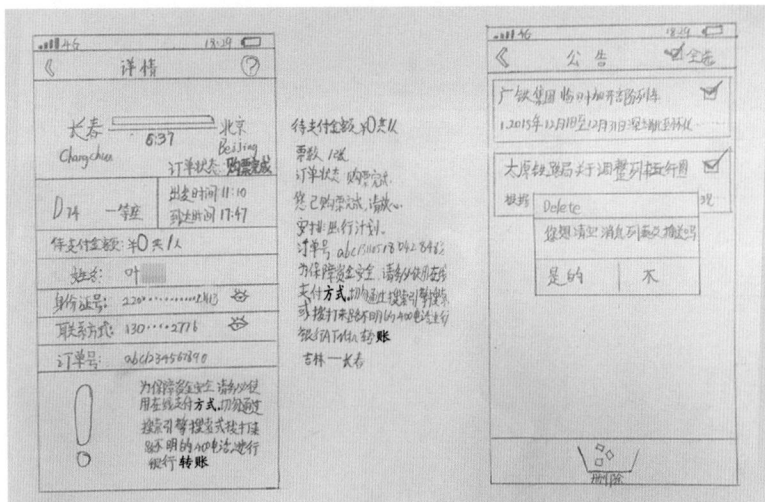

图 4-21　手绘低保真原型

4.6.2　低保真原型的作用

制作低保真原型可以帮助设计师聚焦于结构、组织、导航和交互等信息，确定之后再关注界面的颜色、字体和图片，也就是关注所谓的高保真原型。可以说，制作低保真原型是界面设计的首要步骤，其主要作用如下。

（1）对每个界面的功能、布局进行梳理，脱离了颜色和图片的低保真原型，功能清晰可见，方便设计师检视功能是否齐全、布局是否合理。

（2）低保真原型不用关注过多的视觉元素，比高保真原型的开发时间短，大大节约了开发成本。

（3）无皮肤状态的框架图便于设计师与客户和团队成员沟通，从而统一意见。

4.6.3　需要注意的问题

虽然低保真原型在设计规范上没有过多的限制，但是在制作时也不能过于随意，否则会影响后期高保真原型的制作。在制作低保真原型时，需要注意以下几点。

（1）保证字号、间距等尽量符合视觉要求。

（2）交互阶段的产出方案应该聚焦于信息布局、内容层次、操作流程。不建议在方案上使用颜色，避免给 UI 设计师造成不必要的干扰。

（3）注重用户体验，以最直接、简便的方式呈现功能，引导用户学会使用产品。

在低保真原型制作完成后，我们可以构建产品的界面流程图，如图 4-22 所示。界面流程图可以使用墨刀、Sketch、Axure 等软件来制作。

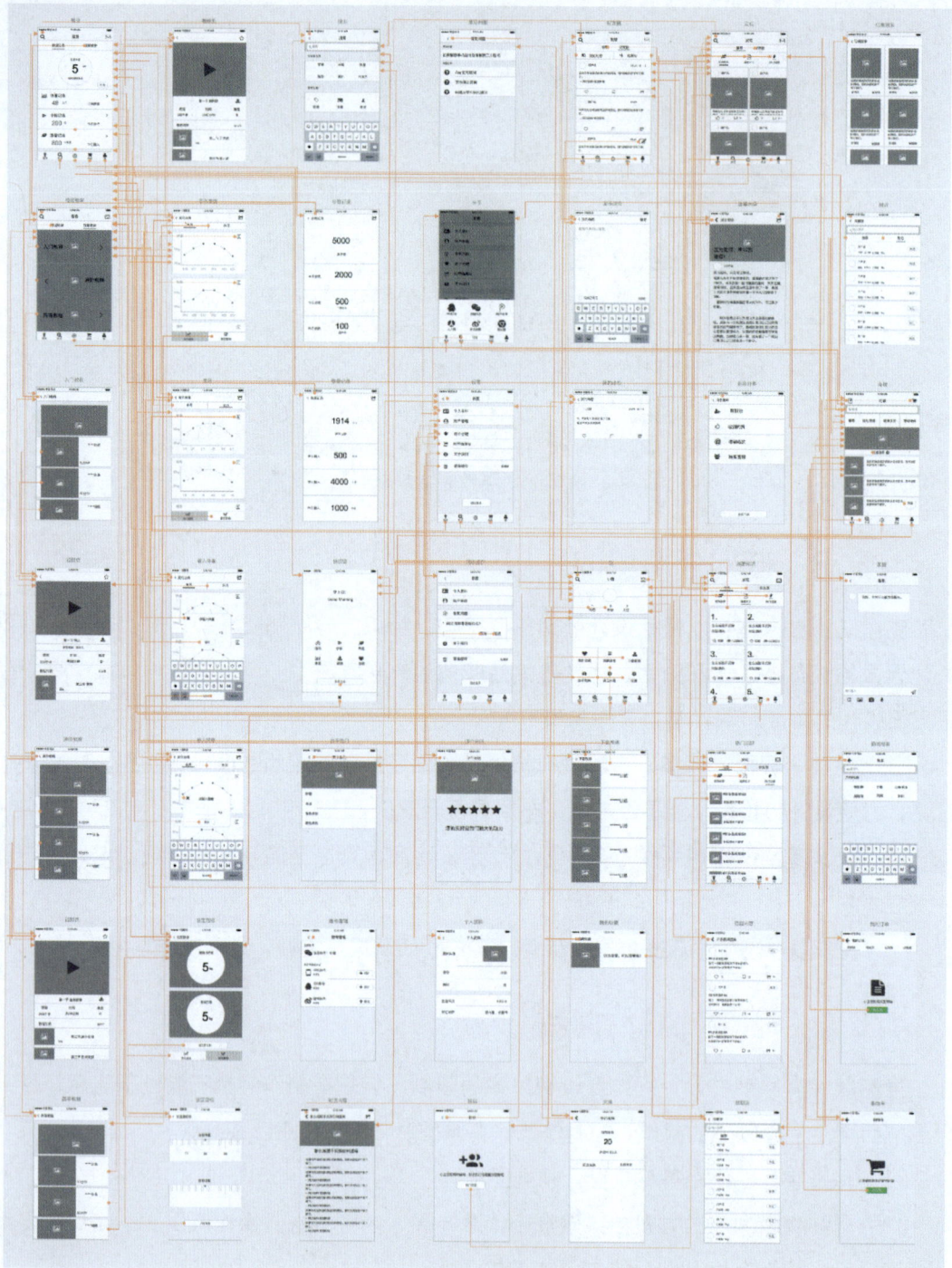

图 4-22　界面流程图

▫ 任务实施

本节任务是使用墨刀制作低保真原型，具体步骤如下。

① 打开墨刀，在墨刀 App 上注册自己的账号，也可以使用微信直接登录，如图 4-23 所示。

图 4-23　登录界面

精讲视频

低保真原型制作

② 注册成功后即可登录，打开图 4-24 所示的创建项目界面。

图 4-24　创建项目界面

③ 在左上角选择"新建"—"原型"，可以打开图 4-25 所示的设置界面。本项目是基于 iPhone 开发的，所以这里选择"iPhone"，设备类型选择"iPhone 12Pro/12。

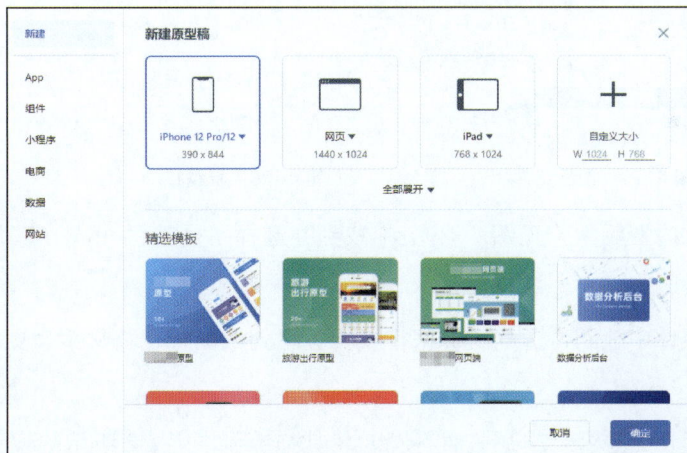

图 4-25　设置界面

④ 点击"确定"按钮，进入图 4-26 所示的编辑界面。

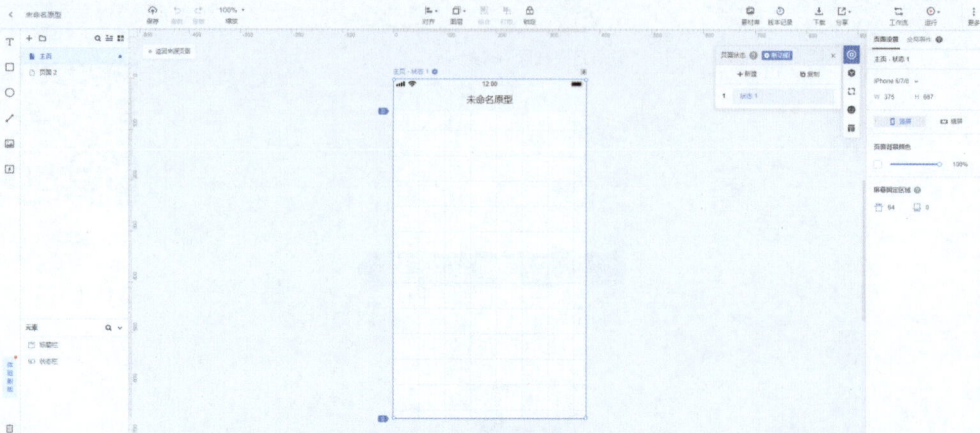

图 4-26　编辑界面

⑤ 将标题栏文字改为"发现"，从右侧的图标组件（见图 4-27）中选择图 4-28 所示的图标，将其放在标题栏的左右两端。

图 4-27　图标组件　　　　图 4-28　标题栏

⑥ 从右侧的内置组件（见图 4-29）中找到并选择"标签栏-5"，将其拖曳到图 4-30 所示的标签栏处。

⑦ 从图标组件中找到合适的图标来替换标签栏处的图标，将文字也更改为图 4-31 所示的内容。

⑧ 从内置组件中选择"分段控件-2"，将其拖曳到图 4-32 所示的位置，将文字内容依次修改为"推荐"和"朋友圈"，制作选项卡效果。

图 4-29 内置组件

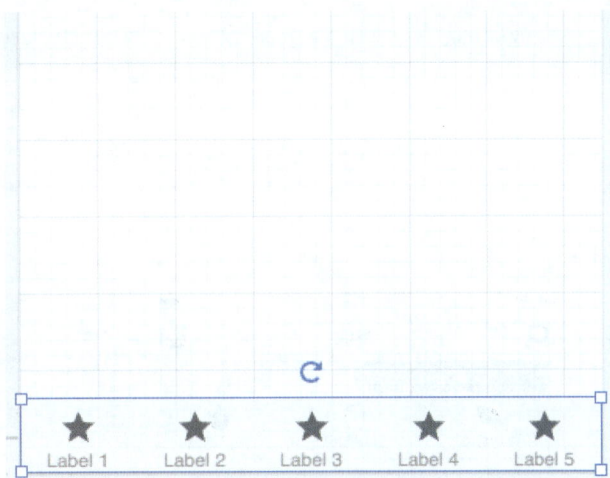

图 4-30 标签栏

图 4-31 修改标签栏内容

图 4-32 制作选项卡效果

⑨ 从图 4-33 所示的组件中选择"矩形""文字"组件,再选择合适的图标,制作图 4-34 所示的按钮效果。

图 4-33 组件

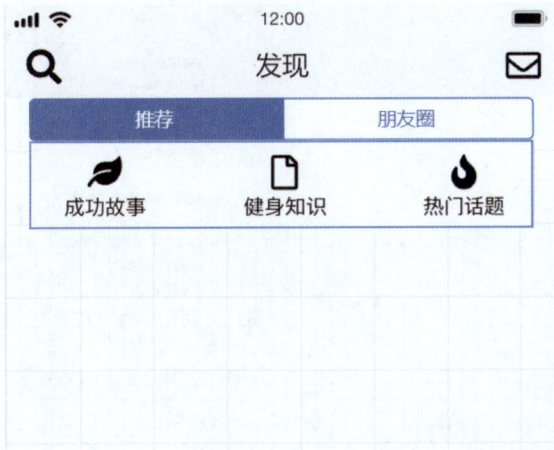

图 4-34 制作按钮效果

⑩ 选择"矩形""文字""图片"组件，制作图 4-35 所示的列表效果。文字的大小可以在图 4-36 所示的"外观"面板中设置。

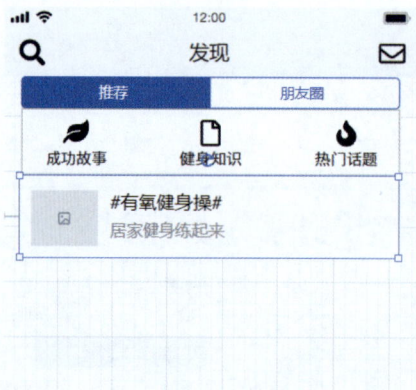

图 4-35　单个列表效果

图 4-36　"外观"面板

⑪ 我们再复制几个列表，效果如图 4-37 所示。低保真原型注重的是功能性，所以文字可以不用更改。

图 4-37　多个列表效果

⑫ 按照这样的方法，我们可以在墨刀中完成所有低保真原型的制作。图 4-38 所示是该项目的部分低保真原型。

在墨刀中，我们可以把每个界面都放置在不同的页面中，页面间的跳转通过拖曳控件上的链接标识（见图 4-39）到另一个页面即可实现，如图 4-40 所示。

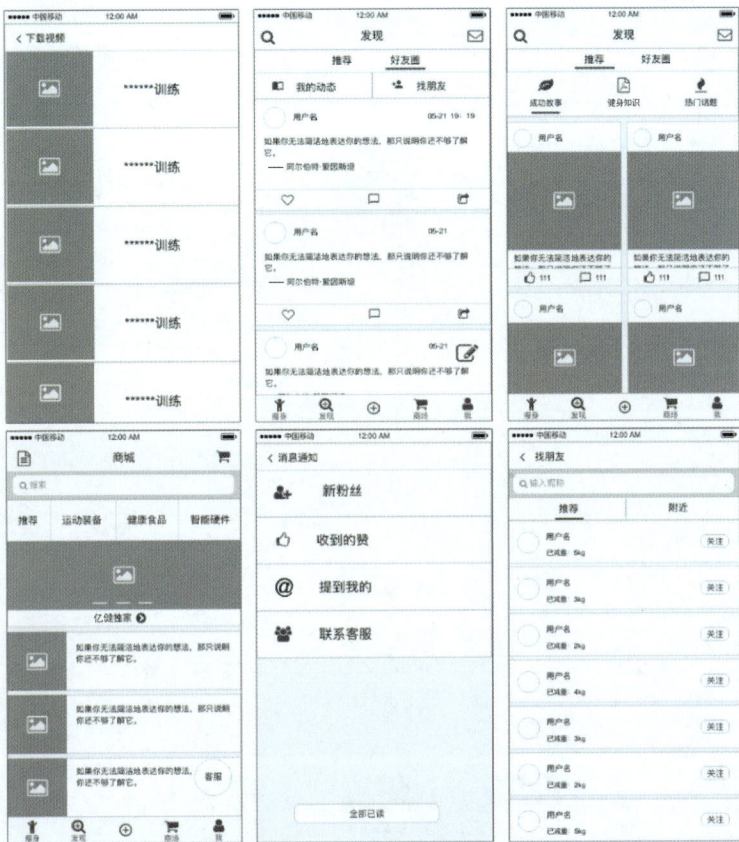

图 4-38　部分低保真原型

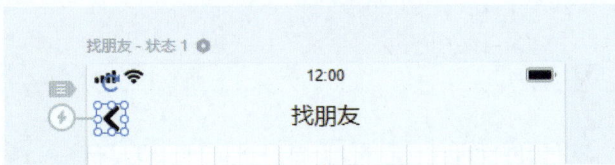

图 4-39　链接标识

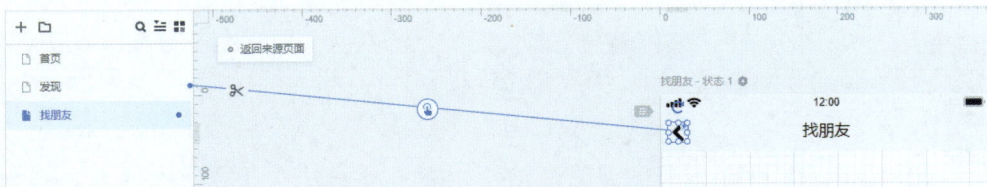

图 4-40　页面链接

所有低保真原型制作完成后，点击图 4-26 所示的编辑界面右上角的"工作流"，制作图 4-41 所示的界面流程图。

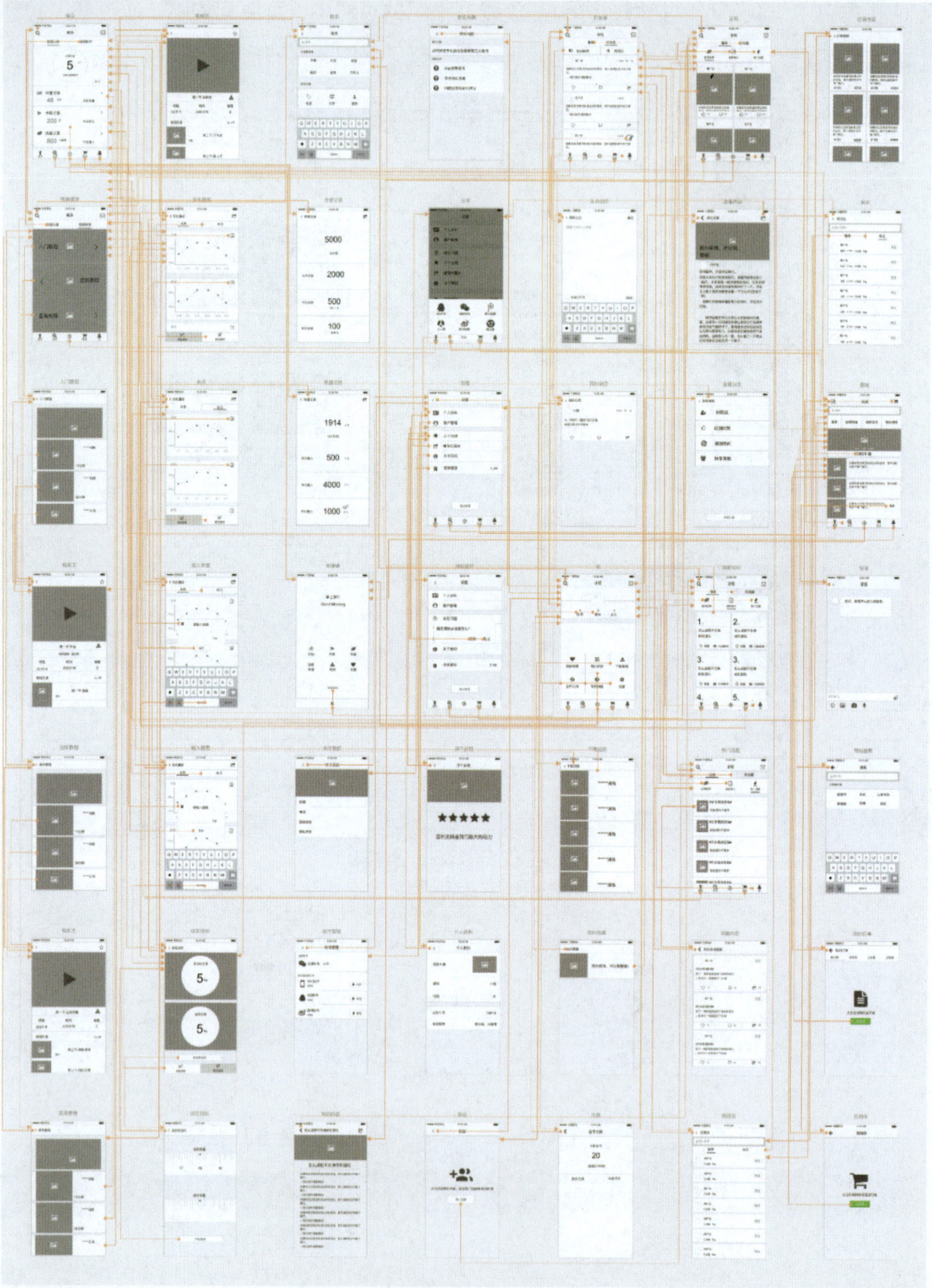

图 4-41　界面流程图

4.7

任务 4　高保真原型制作

接下来，我们开始制作高保真原型。那么，什么是高保真原型？如何制作高保真原型呢？

□　**知识储备**

4.7.1　什么是高保真原型

高保真原型是相对低保真原型来说的，如果说低保真原型关注的是结构和流程，是脱离了皮肤状态的原型，那么高保真原型关注的就是细节，包括颜色、字号、间距等方面的规范，是最后在手机上呈现的原型。图 4-42 所示为高保真原型。

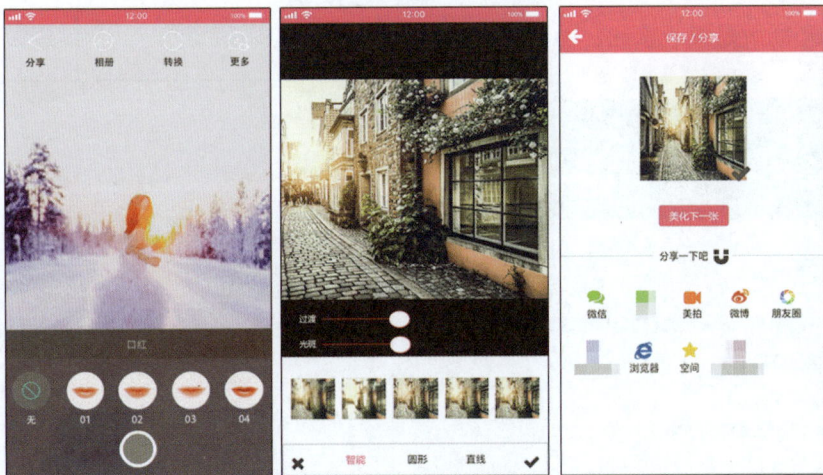

图 4-42　高保真原型

在低保真原型的基础上，我们可以使用 Photoshop、Illustrator 等平面设计软件来完成高保真原型的制作，其状态应该与交付时的状态是一致的。

制作高保真原型，首先要了解不同类型的产品的设计规范，如要设计 iOS、Android 系统等的移动端产品，就要先了解它们的界面尺寸、设计结构和方法、字体、字号等方面的规范，将设计元素进行合理的摆放与搭配。

在制作高保真原型时，我们要有足够的细心和耐心。有人说，UI 设计师的细心程度应该达到像素级，这种说法并不为过。试想，在一个产品中，如果每个界面上都有一些元素偏移了几个像素，那么全部界面的视觉效果都会受到影响，这样的产品无疑是失败的。

4.7.2 规范手册

在制作高保真原型之前，我们还应完成规范手册的制作。制作规范手册的目的主要是便于设计团队或 UI 设计师统一产品的视觉设计风格。同时，保证 UI 设计师与开发人员之间的沟通和工作交接顺利进行，开发出的产品界面和视觉稿高度统一。此外，制作规范手册还可以规范第三方的品牌塑造和接入。

规范手册包括关于字体、颜色、按钮、图标、布局、空间、提示、命名等的规范，一般以 PPT 或瀑布流的形式呈现。

在本项目中，我们采用了瀑布流的形式制作规范手册，使用的是 Photoshop，宽度为 1000 像素。因为空间有限，我们仅展示瀑布流的部分内容。图 4-43 所示是关于屏幕尺寸、单位、颜色、字体的规范。

图 4-44 所示是关于按钮、图标的规范。

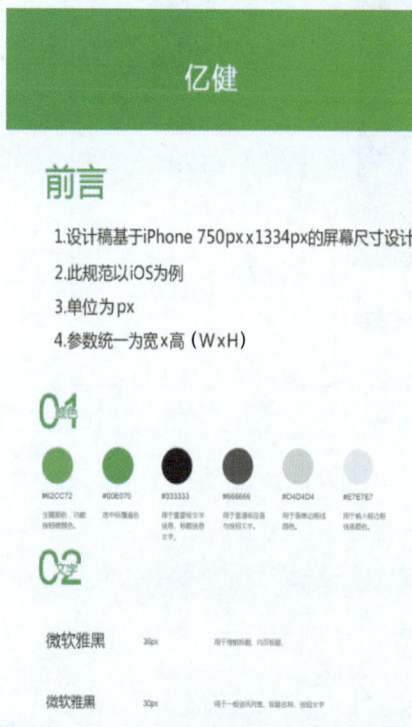

图 4-43 规范手册（一）

图 4-44 规范手册（二）

□ **任务实施**

　　在规范手册的基础上，我们可以使用 Photoshop、Illustrator 来制作高保真原型。在本项目中，所有高保真原型都是使用 Photoshop 制作的。图 4-45 所示为部分低保真原型和高保真原型的对比效果。

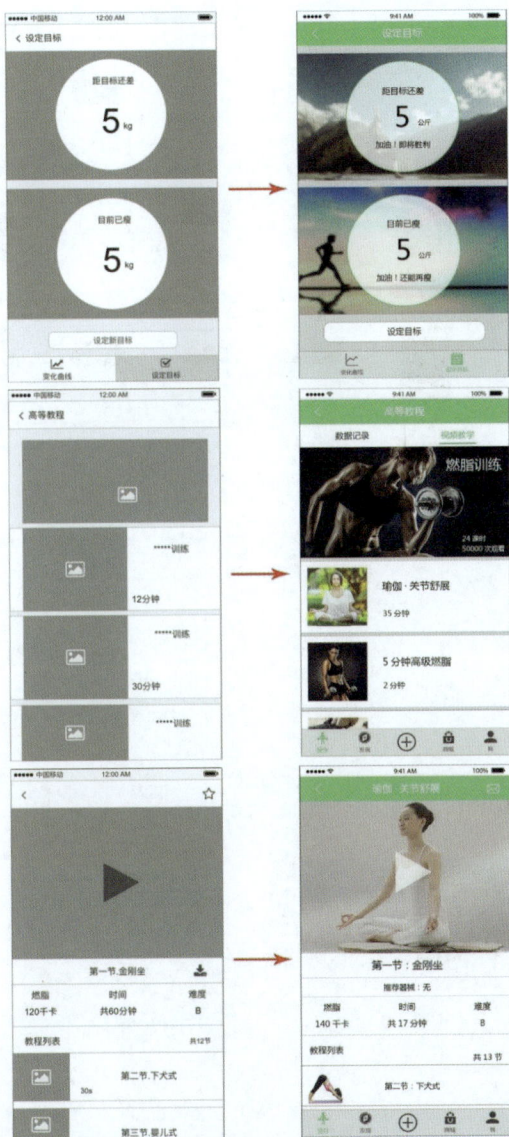

图 4-45　对比效果

　　界面设计的方法和技巧在项目 3 中有详细介绍，这里不再赘述。图 4-46 所示是本项目的部分高保真原型。

　　我们也为本项目设计了启动图标和启动页，如图 4-47 所示。

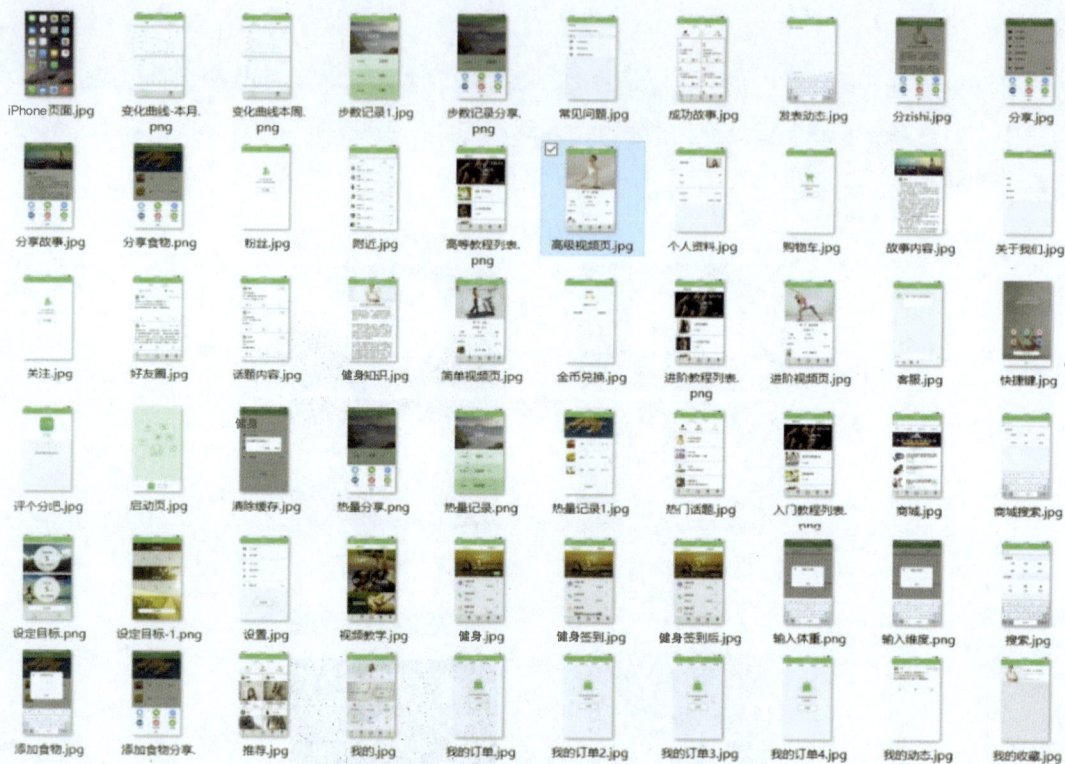

图 4-46　部分高保真原型

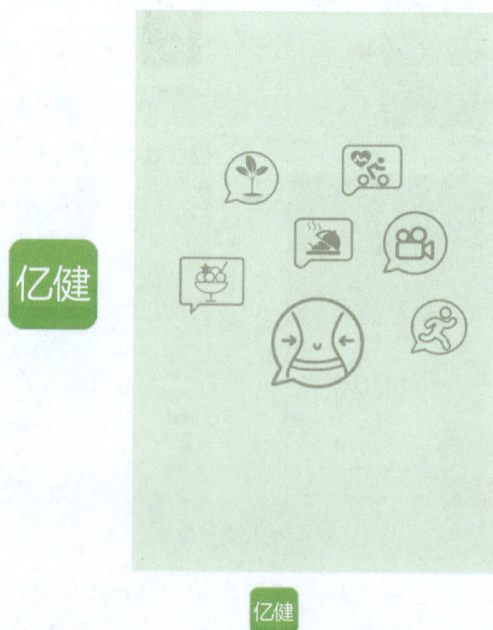

图 4-47　启动图标和启动页

4.8 任务 5　后期跟进

高保真原型制作完成之后，产品视觉部分的内容也就开发完成了，我们便进入了后期跟进阶段。在这个阶段，UI 设计师要向技术工程师详细描述交互原型的结构、设计的细节，在开发过程中及时跟进，随时发现遗漏的问题，保证产品的完整性。

产品交付后，UI 设计师要和测试工程师一起测试产品，查看产品是否与设计目标相符，同时对交互原型进行用户测试，这样可以发现未能预见的问题，消除潜在的设计错误。UI 设计师根据测试工程师提出的问题对产品进行调整和修改，不断改进产品。

4.9 知识回顾

本项目详细介绍了有关交互设计的知识，包括交互设计的概念、团队、要素等内容，重点讲解了交互设计的流程，以帮助读者更加深入地了解交互设计的方法和技巧。

交互设计是关于用户行为的设计，它规定了人与机器之间的行为逻辑，从而使用户获得愉悦的使用体验。所以，交互设计要以用户需求为中心，了解用户的心理和行为特点，从信息架构到操作逻辑，再到界面设计，每个环节都至关重要、不容忽视。交互设计架起了用户与产品之间的桥梁。

4.10 拓展训练

请你运用在本项目中所学的知识，独立完成或小组协作完成一款 App 的交互设计。要求如下。

（1）完成用户画像、产品结构图、低保真原型、高保真原型的设计制作，做好竞品分析。

（2）以用户需求为中心去思考和设计，注重界面的简洁、美观及易用性。

范例：

本范例是为大学生设计的一款英语学习类 App 交互设计案例。我们结合大学生的需求和特点，对竞品进行深入研究，用户画像如图 4-48 所示，竞品分析如图 4-49 所示。找出大学生的关注点和设计的突破口后，进行产品结构图、低保真原型、高保真原型的制作，如图 4-50～图 4-54 所示。

	姓名：小明	
	性别：男	核心用户
	年龄：21	
	职业：大学生	
	所在地：长春	
	使用频率，平均 1 次 / 天	
用户特征	在校大学生，因过不了英语四级而烦恼	
需求情景	用课本学习英语有点枯燥	
认知过程	英语老师推荐	
决策心理	该款 App 不枯燥，用过一段时间之后英语水平显著提高	
关注因素	简洁、有趣，能激发大家学习英语的兴趣	
行为过程	日常学习—打开 App—背单词、学语法—临近考试—复习以前学过的知识—通过模拟考试认识到自己的不足	
使用结果	喜欢上学习英语，成功通过考试	

图 4-48　用户画像

	产品 1	产品 2	产品 3	产品 4	i 英语
登录方式	微信 QQ 手机号	微信 QQ 手机号	微博 QQ 微信 手机号	手机号 微信 微博	微信 QQ 手机号 直接登录
主要功能	查词 离线下载 单词闯关 换词书 我的 生词本	词典 离线单词包 复习 圈子(单词PK) 背单词	游戏闯关模式 单词积累量换金币模式	单词测试 查词 我的 单词本 单词 学习进度 口语 打卡	单词游戏闯关 单词本
词汇量	四级词汇 六级词汇	四级词汇 四级高频 六级词汇 考研词汇	四级词汇 六级词汇	四级 六级 考研 雅思 托福 医学	四级词汇 六级词汇 A 级词汇 B 级词汇
背单词方式	闯关模式	看图 背单词	游戏闯关模式 单词积累量换 金币模式	英译汉	闯关模式
优点、借鉴点	闯关游戏有趣	有图，记忆深刻	短时间内增加 单词量	锁屏界面有每日一句	游戏闯关模式
缺点	界面不规范	交互有问题 界面单调	界面设计不够完善	单调枯燥	界面规范
单词测试	英译汉 汉译英	背单词时测试	听写	今日单词测试 全部单词测试	英译汉 汉译英
好友互动	微信好友 PK QQ 好友 PK 随机对手	附近好友	微博 微信 QQ 好友	微博 朋友圈	微信好友 PK QQ 好友 PK 随机对手

图 4-49　竞品分析

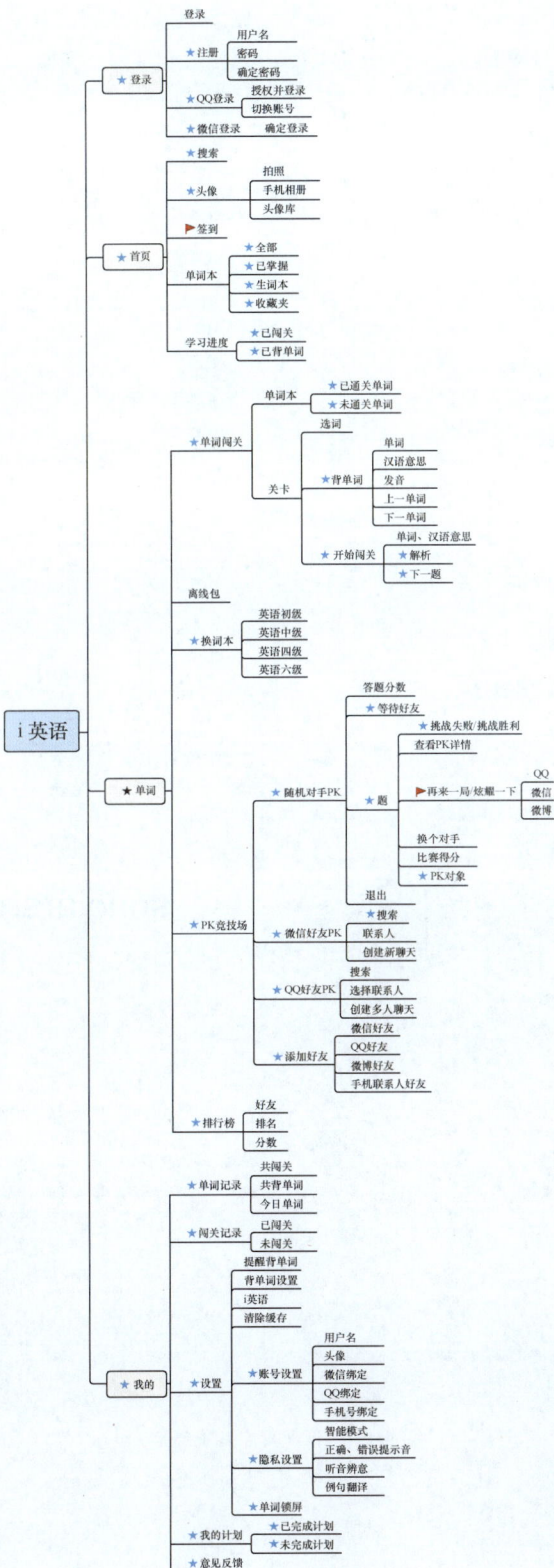

图 4-50　产品结构图

主结构：i 英语

- 登录
  - 登录
  - ★注册
    - 用户名
    - 密码
    - 确定密码
  - ★QQ登录
    - 授权并登录
    - 切换账号
  - ★微信登录 — 确定登录
- 首页
  - ★搜索
  - ★头像
    - 拍照
    - 手机相册
    - 头像库
  - ▶签到
  - 单词本
    - ★全部
    - ★已掌握
    - ★生词本
    - ★收藏夹
  - 学习进度
    - ★已闯关
    - ★已背单词
- ★单词
  - ★单词闯关
    - 单词本
      - ★已通关单词
      - ★未通关单词
    - 关卡
      - 选词
      - ★背单词
        - 单词
        - 汉语意思
        - 发音
        - 上一单词
        - 下一单词
      - ★开始闯关
        - 单词、汉语意思
        - ★解析
        - ★下一题
  - 离线包
  - ★换词本
    - 英语初级
    - 英语中级
    - 英语四级
    - 英语六级
  - ★PK竞技场
    - ★随机对手PK
      - ★等待好友
        - 答题分数
        - ★挑战失败/挑战胜利
      - ★题
        - 查看PK详情
        - ▶再来一局/炫耀一下
          - QQ
          - 微信
          - 微博
        - 换个对手
        - 比赛得分
        - ★PK对象
      - 退出
    - ★微信好友PK
      - ★搜索
      - 联系人
      - 创建新聊天
    - ★QQ好友PK
      - 搜索
      - 选择联系人
      - 创建多人聊天
    - ★添加好友
      - 微信好友
      - QQ好友
      - 微博好友
      - 手机联系人好友
  - ★排行榜
    - 好友
    - 排名
    - 分数
- ★我的
  - ★单词记录
    - 共闯关
    - 共背单词
    - 今日单词
  - ★闯关记录
    - 已闯关
    - 未闯关
  - ★设置
    - 提醒背单词
    - 背单词设置
    - i 英语
    - 清除缓存
    - ★账号设置
      - 用户名
      - 头像
      - 微信绑定
      - QQ绑定
      - 手机号绑定
    - ★隐私设置
      - 智能模式
      - 正确、错误提示音
      - 听音辨意
      - 例句翻译
    - ★单词锁屏
  - ★我的计划
    - ★已完成计划
    - ★未完成计划
  - ★意见反馈

第3关

abstract ['æbstrækt] n.摘要，抽象的东西	🔊
bride [braɪd] n.新娘	🔊
abstract ['æbstrækt] n.摘要，抽象的东西	🔊
abstract ['æbstrækt] n.摘要，抽象的东西	🔊
abstract ['æbstrækt] n.摘要，抽象的东西	🔊
abstract ['æbstrækt] n.摘要，抽象的东西	🔊
abstract ['æbstrækt] n.摘要，抽象的东西	🔊
abstract ['æbstrækt] n.摘要，抽象的东西	🔊
abstract ['æbstrækt]	🔊

开始闯关

PK

随机对手

好友PK

与QQ好友PK   PK

与微信好友PK   PK

添加好友

选择

搜索   取消

创建新聊天

最近聊天

微信好友
微信好友
微信好友
微信好友
微信好友
微信好友
微信好友

Q W E R T Y U I O P
A S D F G H J K L
Z X C V B N M
123 space return

6/20

scholarship

🔊 朗读

n.独立，自主

v.唤起，唤醒，激发，激励

adj.谦虚的，底下的，粗糙的

n.奖学金，学问

解析   下一题

图 4-51　低保真原型（部分）

图 4-52　启动图标和启动页

图 4-53　高保真原型（部分）

图 4-54　高保真原型（部分）

4.11
案例欣赏

案例："佳聆 App"交互设计

以"佳聆 App"为例进行交互设计，产品结构图、低保真原型、界面流程图、启动图标和启动页、高保真原型分别如图 4-55～图 4-59 所示。

个性推荐
- 滚动歌单
- 每日歌曲推荐
- 热门歌单
- 推荐歌单
- 最新音乐
- 推荐MV
- 直播

听音乐
- 歌单
  - 推荐歌单
    - 分类
    - 推荐
    - 最新
  - 精品歌单
    - 分类
    - 全部
    - 精品
  - 最新歌单
    - 分类
    - 推荐
    - 最新
  - 翻唱歌单
    - 分类
    - 推荐
    - 翻唱
- 排行榜
  - 飙升榜
  - 翻唱榜
  - 新歌榜
  - 原创榜
- 歌手
  - 华语男歌手
  - 华语女歌手
  - 华语组合
  - 欧美男歌手
  - 欧美女歌手
  - 欧美组合
  - 日韩男歌手
  - 日韩女歌手
  - 日韩组合
  - 其他男歌手
  - 其他女歌手
  - 其他组合
  - 搜索

我的
- 本地音乐
- 下载管理
- 最近播放
- 我的收藏
- 我的歌手

社区
- 分享
  - 我的
  - 其他分享
- 关注
  - 最新作品
  - 已关注
  - 最新歌曲
  - MV
  - 附近作品
- K歌
  - 搜索
  - 歌手
  - 热门
  - 新歌
  - 推荐
  - 排行
- 最新音乐

佳聆
- 修改头像
  - 相册
  - 拍照
- 登录
  - 登录
  - 注册　手机号注册
  - 其他登录方式　QQ登录
- 签到
- 设置
  - 个人中心
    - 头像
    - 昵称
    - 账号
    - 乐龄
    - 签名
    - 地区
    - 我的二维码
  - 我的消息
    - @我
    - 私信
    - 评论
  - 会员中心　开通会员
  - 听歌识曲　识别歌曲
  - 个性主题
    - 管理
    - 主题样式
  - 音乐闹钟
    - 设置时间
    - 选择铃声
    - 是否重复
  - 夜间模式
  - 桌面歌词
  - 个人设置
    - 仅Wi-Fi下载
    - 使用2G/3G/4G/5G网络下载
    - 使用2G/3G/4G/5G网络播放
    - 摇一摇听歌
    - 桌面歌词
    - 显示歌词翻译
    - 自动下载最新安装包
    - 跑步FM离线包裹
    - 歌曲下载目录
    - 关于佳聆
    - 帮助与反馈
  - 退出应用
- 搜索
- 音乐歌词
  - 标准
  - MV
  - 音效
  - 写真
  - 收藏
  - 下载
  - 分享
  - 其他
  - 暂停
  - 上一首
  - 下一首
  - 顺序播放

扩展图库

"佳聆" App 产品
结构图

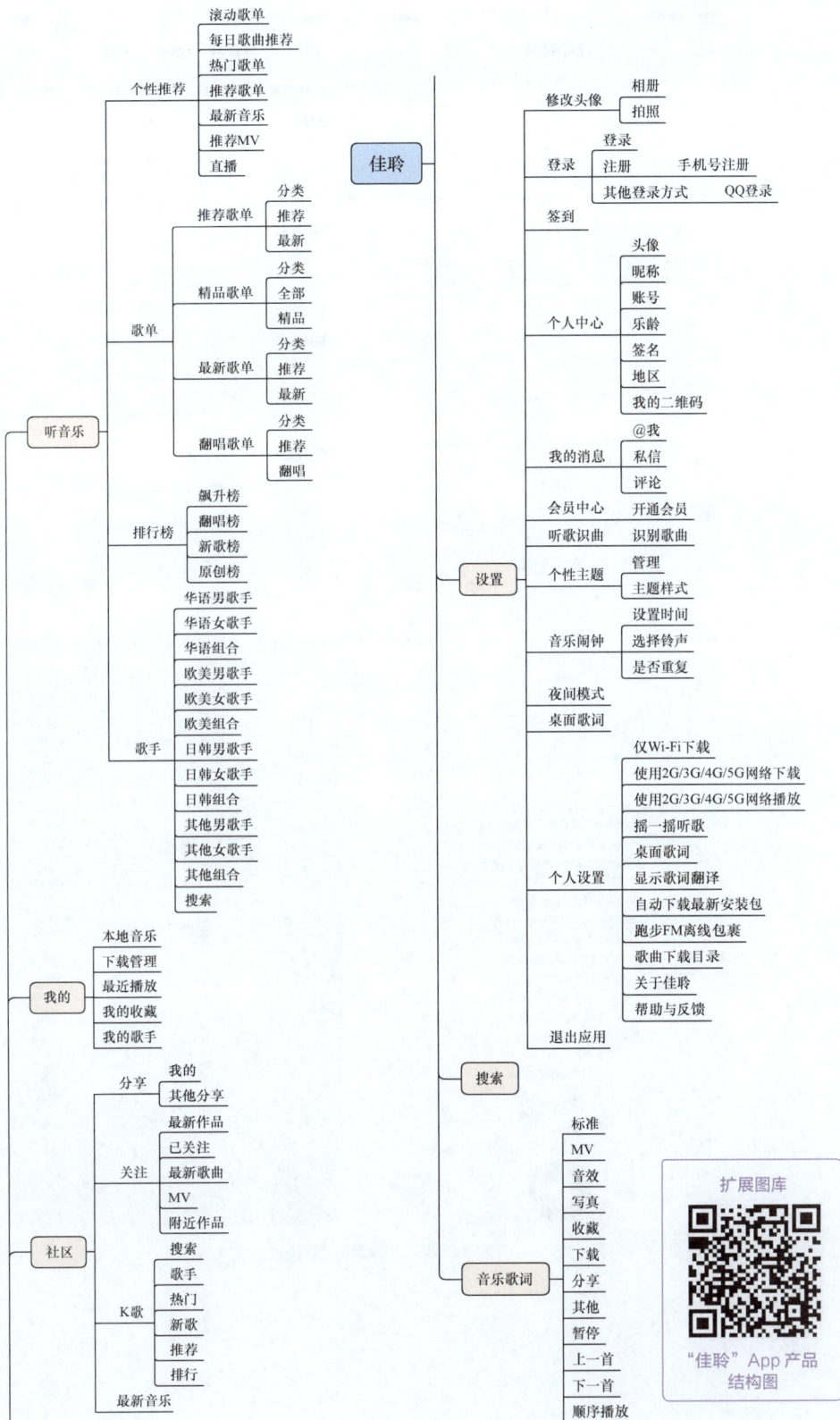

图 4-55　产品结构图

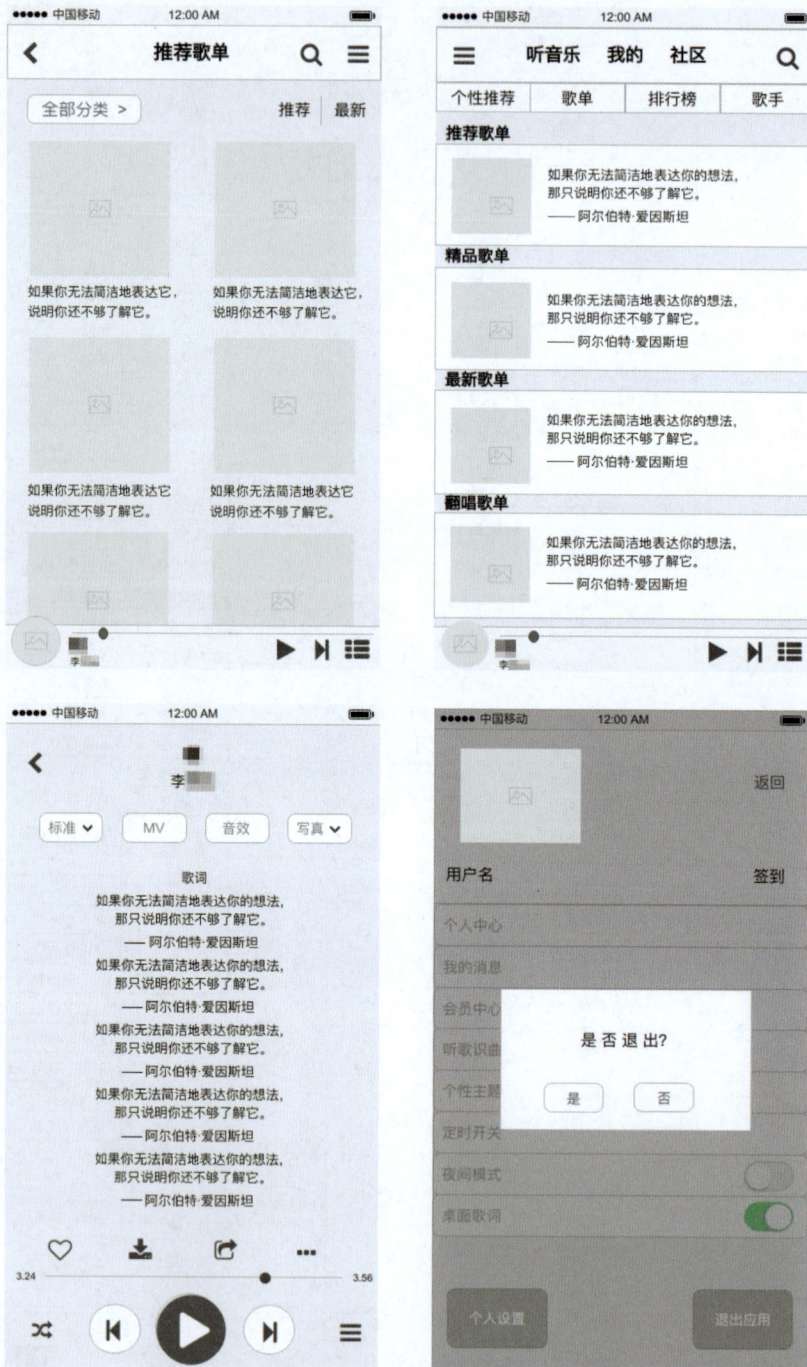

图 4-56　低保真原型（部分）

图 4-57 界面流程图

图 4-58　启动图标和启动页

图 4-59　高保真原型（部分）